중등수학 개념으로 한번에 내신 대비까지!

정수와 유리수

개념이 먼저다 ②

안녕~ 만나서 반가워!
지금부터 정수와 유리수
공부 시작!

책의 구성과 특징

책 소개를 해 줄게.
이렇게 활용해 봐~

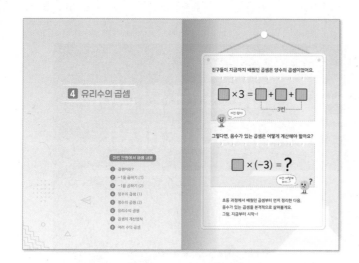

1 단원 소개

이 단원에서 배울 내용을
간단히 알 수 있어.
그냥 넘어가지 말고 꼭 읽어 봐!

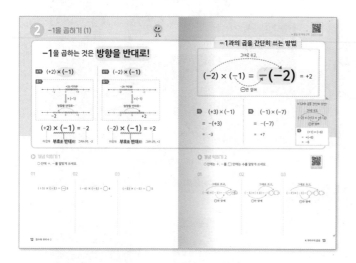

2 개념 설명,
개념 익히기

꼭 알아야 하는 중요한 개념이
여기에 들어있어.
꼼꼼히 읽어 보고, 개념을 익힐 수 있는
문제도 풀어 봐!

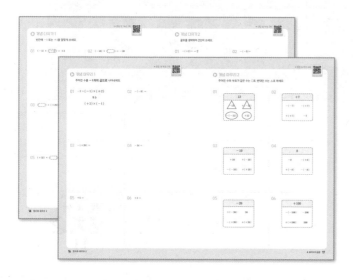

3 개념 다지기,
개념 마무리

배운 개념을 문제를 통하여 우리 친구의
것으로 완벽히 만들어주는 과정이야.
아주아주 좋은 문제들로만 엄선했으니까
건너뛰는 부분 없이 다 풀어봐야 해~

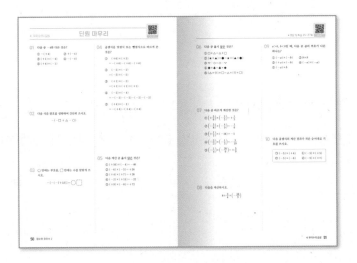

4 단원 마무리

한 단원이 끝날 때 얼마나
잘 이해했는지 스스로 확인해 봐~

서술형 문제도 있으니까
진짜 시험이다~ 생각하면서 풀면,
학교 내신 대비도 할 수 있어!

걱정하지 마~

★ QR코드

매 페이지 구석구석에
개념 설명과 문제 풀이 강의가
QR코드로 들어있다구~

혼자 공부하기 어려운 친구들은
QR코드를 스캔해 봐!

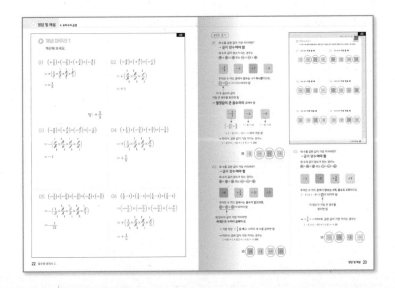

★ 친절한 해설

바로 옆에서 선생님이 설명해주는
것처럼 작은 과정 하나도 놓치지 않고
자세하게 풀이를 담았어.

틀린 문제의 풀이를 보면
정확히 어느 부분에서 틀렸는지
쉽게 알 수 있을 거야~

My study scheduler
학습 스케줄러

4. 유리수의 곱셈

1. 곱셈이란?	2. –1을 곱하기 (1)	3. –1을 곱하기 (2)	4. 정수의 곱셈 (1)
___월 ___일	___월 ___일	___월 ___일	___월 ___일
성취도 : ☺ ☹ ☹	성취도 : ☺ ☹ ☹	성취도 : ☺ ☹ ☹	성취도 : ☺ ☹ ☹

5. 곱셈의 응용

1. 거듭제곱이란?	2. 거듭제곱의 계산 (1)	3. 거듭제곱의 계산 (2)	4. 분수의 거듭제곱
___월 ___일	___월 ___일	___월 ___일	___월 ___일
성취도 : ☺ ☹ ☹	성취도 : ☺ ☹ ☹	성취도 : ☺ ☹ ☹	성취도 : ☺ ☹ ☹

6. 유리수의 나눗셈

1. 음수가 있는 나눗셈	2. 정수의 나눗셈 (1)	3. 정수의 나눗셈 (2)	4. 유리수의 나눗셈
___월 ___일	___월 ___일	___월 ___일	___월 ___일
성취도 : ☺ ☹ ☹	성취도 : ☺ ☹ ☹	성취도 : ☺ ☹ ☹	성취도 : ☺ ☹ ☹

학습한 날짜와 중요한 내용을 메모해 두고,
스스로 성취도를 표시해 봐!

4. 유리수의 곱셈

5. 정수의 곱셈 (2)	6. 유리수의 곱셈	7. 곱셈의 계산법칙	8. 여러 수의 곱셈	▷ 단원 마무리
__월 __일	__월 __일	__월 __일	__월 __일	__월 __일
성취도 : ☺ ☹ ☹	성취도 : ☺ ☹ ☹	성취도 : ☺ ☹ ☹	성취도 : ☺ ☹ ☹	성취도 : ☺ ☹ ☹

5. 곱셈의 응용

5. 거듭제곱의 곱셈	6. 분배법칙 (1)	7. 분배법칙 (2)	8. 분배법칙 (3)	▷ 단원 마무리
__월 __일	__월 __일	__월 __일	__월 __일	__월 __일
성취도 : ☺ ☹ ☹	성취도 : ☺ ☹ ☹	성취도 : ☺ ☹ ☹	성취도 : ☺ ☹ ☹	성취도 : ☺ ☹ ☹

6. 유리수의 나눗셈

5. 유리수의 혼합 계산	6. 활용 (1) ?가 있는 식	7. 활용 (2) 부등호	8. 활용 (3) ~만큼 큰/작은 수	▷ 단원 마무리
__월 __일	__월 __일	__월 __일	__월 __일	__월 __일
성취도 : ☺ ☹ ☹	성취도 : ☺ ☹ ☹	성취도 : ☺ ☹ ☹	성취도 : ☺ ☹ ☹	성취도 : ☺ ☹ ☹

수의 체계

우리가 배우는 수는
어떻게 구성되어 있을까?

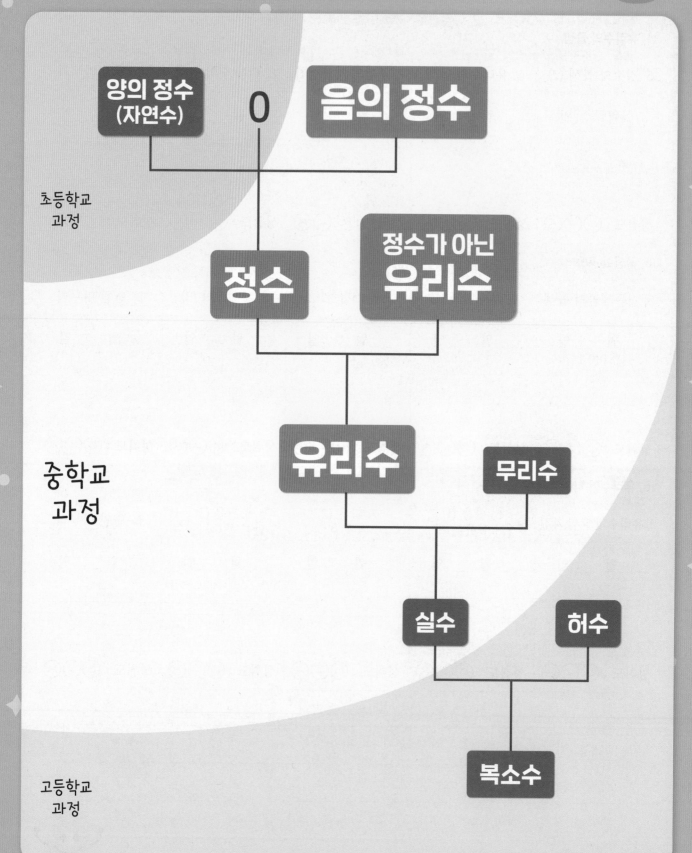

차 례

* 1 ~ 3 은 1권의 내용입니다.

4 유리수의 곱셈

친구들이 지금까지 배웠던 곱셈은 양수의 곱셈이었어요.

$$\square \times 3 = \square + \square + \square$$

———— 3번 ————

이건 쉽지!

그렇다면, 음수가 있는 곱셈은 어떻게 계산해야 할까요?

$$\square \times (-3) = \ ?$$

이건 어떻게 하지...?

초등 과정에서 배웠던 곱셈부터 먼저 정리한 다음,
음수가 있는 곱셈을 본격적으로 살펴볼게요.
그럼, 지금부터 시작~!

1 곱셈이란?

곱셈에 대해 알고 있는 것 >

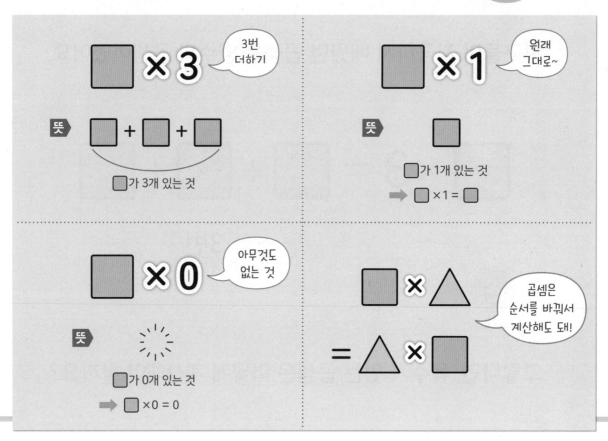

▶ **개념 익히기 1**

빈칸을 알맞게 채우세요.

01

$$▲ + ▲ + ▲ + ▲$$
$$= ▲ × \boxed{4}$$

02

$$♥ × \boxed{} = ♥$$

03

$$★ × 0 = \boxed{}$$

유리수 중에 두 수를 골라서
곱셈식을 만들면~

❶ (양수) × (양수) 초등에서 배웠지!

❷ (양수)×0 = 0×(양수) = 0 0이랑 곱하면 0

❸ (음수)×0 = 0×(음수) = 0 0이랑 곱하면 0

❹ (양수)×(음수), (음수)×(양수)

❺ (음수)×(음수)

이제 이것만 배우면 되겠다~!

▶ 개념 익히기 2

계산해 보세요.

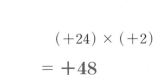

01

$$(+24) \times (+2)$$
$$= +48$$

02

$$(+100) \times 0$$
$$=$$

03

$$0 \times (-2)$$
$$=$$

−1을 곱하는 것은 **방향을 반대로!**

문제 $(+2) \times (-1)$

풀이

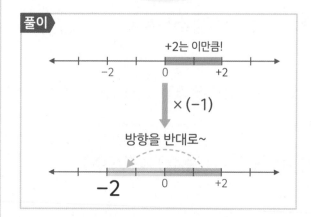

$(+2) \times (-1) = -2$

이것의 **부호**를 **반대**로! 그러니까, −2

문제 $(-2) \times (-1)$

풀이

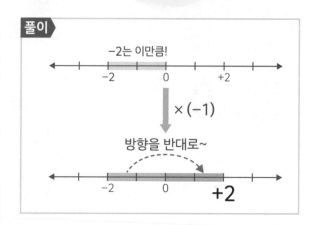

$(-2) \times (-1) = +2$

이것의 **부호**를 **반대**로! 그러니까, +2

▶ **개념 익히기 1**

○ 안에 ＋, − 를 알맞게 쓰세요.

01

$(+3) \times (-1) = \ominus 3$

02

$(-4) \times (-1) = \bigcirc 4$

03

$(-1) \times (-5) = \bigcirc 5$

−1과의 곱을 간단히 쓰는 방법

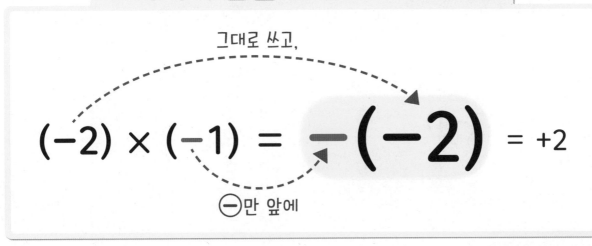

그대로 쓰고,

$$(-2) \times (-1) = -(-2) = +2$$

⊖만 앞에

+1과의 곱을 간단히 쓰면?

그대로 쓰고,

$$(-2) \times (+1) = +(-2)$$

⊕만 앞에

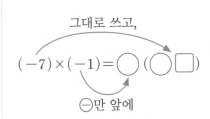
예 $(+1) \times (-6)$
$= +(-6)$
$= -6$

예 $(+3) \times (-1)$

$= -(+3)$

$= -3$

예 $(-1) \times (-7)$

$= -(-7)$

$= +7$

▶ 개념 익히기 2

○ 안에는 ＋, −를, ☐ 안에는 수를 알맞게 쓰세요.

01

그대로 쓰고,

$(-6) \times (-1) = -(\ominus\ \boxed{6})$

⊖만 앞에

02

그대로 쓰고,

$(-1) \times (+3) = -(\bigcirc\ \square)$

⊖만 앞에

03

그대로 쓰고,

$(-7) \times (-1) = \bigcirc\ (\bigcirc\ \square)$

⊖만 앞에

▶ 개념 다지기 1

빈칸에 -1 또는 $+1$을 알맞게 쓰세요.

01 $(-3) \times (\boxed{-1}) = +3$

02 $(-10) \times (\boxed{}) = -10$

03 $(\boxed{}) \times (+25) = +25$

04 $(-17) \times (\boxed{}) = +17$

05 $(+32) \times (\boxed{}) = +32$

06 $(\boxed{}) \times (-1) = +1$

▶ 정답 및 해설 3쪽

4-06

▶ 개념 다지기 2

괄호를 생략하여 간단히 쓰세요.

01 $-(+2) = \mathbf{-2}$

02 $-(-5) =$

03 $+(-8) =$

04 $+(+12) =$

05 $-(+7) =$

06 $-(-11) =$

▶ 개념 마무리 1

주어진 수를 **−1과의 곱으로** 나타내세요.

정수와 유리수 2

01 $-2 = (-1) \times (+2)$

또는

$(+2) \times (-1)$

02 $-(-9) =$

03 $-(+20) =$

04 $-14 =$

05 $+5 =$

06 $+3 =$

▶ 정답 및 해설 4쪽

▶ 개념 마무리 2

주어진 수와 부호가 같은 수는 ○표, 반대인 수는 △표 하세요.

01

12

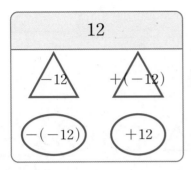

02

+7

$-(-7)$　　$-(+7)$

$+(+7)$　　-7

03

-10

$+10$　　$+(-10)$

$-(-10)$　　$+(+10)$

04

8

-8　　$-(+8)$

$+(-8)$　　$-(-8)$

05

-26

$+(-26)$　　26

$-(+26)$　　$+(+26)$

06

$+100$

$-(-100)$　　-100

$+(+100)$　　100

괄호로 묶여 있으면 한 덩어리!

$$(\triangle - \square + \heartsuit) \times (-1)$$

그림으로

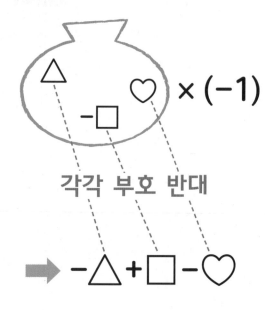

$\times (-1)$

각각 부호 반대

➡ $-\triangle + \square - \heartsuit$

식으로

$$(\triangle - \square + \heartsuit) \times (-1)$$

−1과의 곱은~

그대로 쓰고,

$\ominus$ 만 앞에!

$$= - (\triangle - \square + \heartsuit)$$

각각 부호 반대

$$= -\triangle + \square - \heartsuit$$

▶ **개념 익히기 1**

○ 안에 +, −를 알맞게 쓰세요.

01

$$(-\triangle + \square) \times (-1)$$

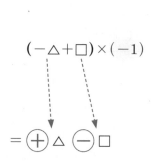

$$= \oplus \triangle \ominus \square$$

02

$$(-1) \times (-\triangle - \square)$$

$$= \bigcirc \triangle \bigcirc \square$$

03

$$(\triangle - \square) \times (-1)$$

$$= \bigcirc \triangle \bigcirc \square$$

▶ 정답 및 해설 5쪽

반대의 반대는 그대로!

$$- (-\text{\cancel{MM}}) = \text{\cancel{MM}}$$

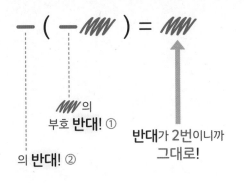

$$- \{ - (-\text{\cancel{MM}}) \} = -\text{\cancel{MM}}$$

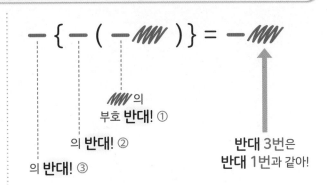

예
$$-(-7)$$
$$= +7$$
그대로 나왔네!

예
$$-[-\{-(+4)\}]$$
$$= -[-\{-4\}]$$
$$= -[+4]$$
$$= -4$$
부호가 반대!

▶ 개념 익히기 2

주어진 식의 괄호를 풀어 간단히 쓰세요.

01

$$-(-☆+□)$$
$$= +☆-□$$

02

$$-(△+♡)$$
$$=$$

03

$$-(◇-☆)$$
$$=$$

▶ 개념 다지기 1

4-11

식을 간단히 쓰세요.

01 $(-7+\heartsuit) \times (-1)$

$= 7 - \heartsuit$

02 $(-1) \times (\triangle + \square - \heartsuit)$

$=$

03 $(-1) \times (5 - \bigcirc - \bigcirc)$

$=$

04 $(\bigstar - \triangledown + \heartsuit) \times (-1)$

$=$

05 $-(A - 27 + B)$

$=$

06 $-(\triangle + \diamondsuit - \bigstar)$

$=$

▶ 개념 다지기 2

○ 안에 ＋, －를 알맞게 쓰세요.

01
$2-12+15$
$=-(\bigcirc2\bigoplus12\bigcirc15)$

02
$-\square+\triangle$
$=-(\bigcirc\square\bigcirc\triangle)$

03
$27-63$
$=-(\bigcirc27\bigcirc63)$

04
$\heartsuit-\diamond+\bigstar$
$=-(\bigcirc\heartsuit\bigcirc\diamond\bigcirc\bigstar)$

05
$-10-19+8$
$=-(\bigcirc10\bigcirc19\bigcirc8)$

06
$-\square+\diamond-\triangle$
$=-(\bigcirc\square\bigcirc\diamond\bigcirc\triangle)$

▶ 개념 마무리 1

빈칸에 알맞은 수를 쓰고, 주어진 식을 간단히 하세요.

01

$$-\{-(-\triangle)\}$$

- $-$ 부호는 $\boxed{3}$ 개

- $-\{-(-\triangle)\} = -\triangle$

02

$$-(-\heartsuit)$$

- $-$ 부호는 $\boxed{}$ 개

- $-(-\heartsuit) =$

03

$$-\{-(+\diamondsuit)\}$$

- $-$ 부호는 $\boxed{}$ 개

- $-\{-(+\diamondsuit)\} =$

04

$$-\{-(-\star)\}$$

- $-$ 부호는 $\boxed{}$ 개

- $-\{-(-\star)\} =$

05

$$-[-\{-(-2)\}]$$

- $-$ 부호는 $\boxed{}$ 개

- $-[-\{-(-2)\}] =$

06

$$-[-\{-(+5)\}]$$

- $-$ 부호는 $\boxed{}$ 개

- $-[-\{-(+5)\}] =$

▶ 개념 마무리 2

○ 안에는 부호를, □ 안에는 수를 알맞게 쓰세요.

01 $-\{-\underset{2}{\underbrace{(5-3)}}\}$

$=\boxed{+}\ 2$

02 $-\{-\underset{-1}{\underbrace{(-4+3)}}\}$

$=\bigcirc\ 1$

03 $-[-\{-\underset{7}{\underbrace{(10-3)}}\}]$

$=\bigcirc\ 7$

04 $-\{-(-8+3)\}$

$=\bigcirc\ \square$

05 $-[-\{-(-2-7)\}]$

$=\bigcirc\ \square$

06 $-\{-(4-17)\}$

$=\bigcirc\ \square$

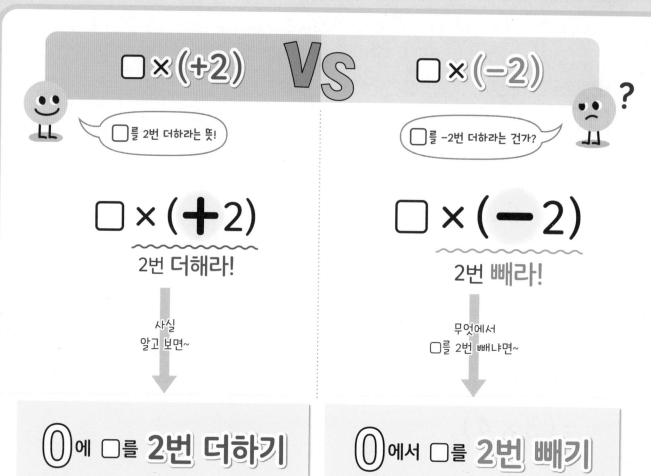

▶ **개념 익히기 1**

빈칸을 알맞게 채우고, 곱셈식을 덧셈식 또는 뺄셈식으로 나타내세요.

01

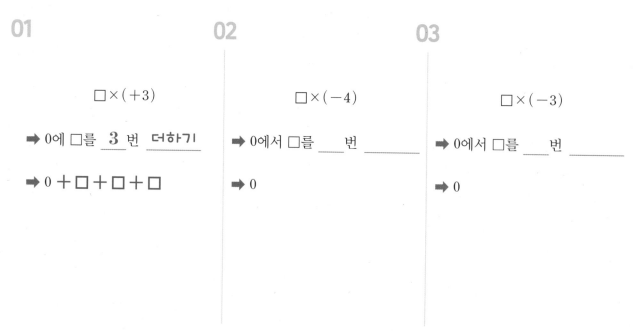

$\square \times (+3)$

➡ 0에 $\square$를 __3__ 번 __더하기__

➡ $0 + \square + \square + \square$

02

$\square \times (-4)$

➡ 0에서 $\square$를 ___ 번 _____

➡ 0

03

$\square \times (-3)$

➡ 0에서 $\square$를 ___ 번 _____

➡ 0

(양수) × (음수)
⊕　⊖

$(+3) \times (-4)$

4번 빼라!

$= \begin{smallmatrix}0\end{smallmatrix} - (+3) - (+3) - (+3) - (+3)$

$= \ -3 - 3 - 3 - 3$

$= \ -(3 + 3 + 3 + 3)$

$= \ -(3 \times 4)$

$= \ -12$

$(+3) \times (-4)$

$= -(3 \times 4)$

▶ 개념 익히기 2

○ 안에는 ＋, －를, □ 안에는 수를 알맞게 쓰세요.

01

$(+7) \times (-2) = -(7 \times \boxed{2})$

02

$(+5) \times (-3) = \bigcirc (\Box \times 3)$

03

$(+4) \times (-9) = \bigcirc (4 \times \Box)$

5 정수의 곱셈 (2)

(음수) × (양수)
$\ominus$ $\oplus$

$$(-2) \times (+3)$$

3번 더해라!

$$= \underset{0}{\bigcirc} + (-2) + (-2) + (-2)$$

$$= -2 - 2 - 2$$

$$= -(2 + 2 + 2)$$

$$= -(2 \times 3)$$

$$= -6$$

(음수) × (음수)
$\ominus$ $\ominus$

$$(-2) \times (-3)$$

3번 빼라!

$$= \underset{0}{\bigcirc} - (-2) - (-2) - (-2)$$

음수를 빼면?
양수지~

$$= +2 + 2 + 2$$

$$= 2 \times 3$$

$$= +6$$

▶ 개념 익히기 1

빈칸에 알맞은 수를 쓰세요.

01

$$(-5) \times (\boxed{-3})$$
$$= -(-5) - (-5) - (-5)$$
$$= +5 + 5 + 5$$
$$= \boxed{5} \times \boxed{3}$$

02

$$(-8) \times (\boxed{})$$
$$= +(-8) + (-8)$$
$$= -8 - 8$$
$$= -(8 + 8)$$
$$= -(\boxed{} \times \boxed{})$$

03

$$(-7) \times (\boxed{})$$
$$= +(-7) + (-7) + (-7) + (-7)$$
$$= -7 - 7 - 7 - 7$$
$$= -(7 + 7 + 7 + 7)$$
$$= -(\boxed{} \times \boxed{})$$

같은 부호끼리 곱하면 양수

$$(+2) \times (+3)$$

$$= + (2 \times 3)$$

➕ × ➕ ➡ ➕

$$(-2) \times (-3)$$

$$= + (2 \times 3)$$

➖ × ➖ ➡ ➕

다른 부호끼리 곱하면 음수

$$(+2) \times (-3)$$

$$= - (2 \times 3)$$

➕ × ➖ ➡ ➖

$$(-2) \times (+3)$$

$$= - (2 \times 3)$$

➖ × ➕ ➡ ➖

(정수) × (정수) = **부호**를 정하고 **절댓값의 곱!**

> 정수의 곱셈은,
> 부호를 떼고 곱하고
> 앞에 부호만 잘 붙이면
> 되는 거구나!

▶ 개념 익히기 2

○ 안에 +, −를 알맞게 쓰세요.

4-18

01

$(+) \times (+) \rightarrow (+)$

$(-) \times (-) \rightarrow (\,\,)$

02

$(-) \times (\,\,) \rightarrow (-)$

$(-) \times (\,\,) \rightarrow (+)$

03

$(+) \times (\,\,) \rightarrow (+)$

$(-) \times (\,\,) \rightarrow (+)$

▶ 개념 다지기 1

정수의 곱셈을 계산하는 과정입니다. ○ 안에는 부호를, ☐ 안에는 수를 알맞게 쓰세요.

01　$(-11) \times (+14)$

　　　　절댓값　　절댓값

　$= \ominus (\boxed{11} \times \boxed{14})$

02　$(+8) \times (-3)$

　　　　절댓값　　절댓값

　$= \bigcirc (\boxed{} \times \boxed{})$

03　$(-15) \times (-2)$

　　　　절댓값　　절댓값

　$= \bigcirc (\boxed{} \times \boxed{})$

04　$(+7) \times (+7)$

　　　　절댓값　　절댓값

　$= \bigcirc (\boxed{} \times \boxed{})$

05　$(-5) \times (+14)$

　　　　절댓값　　절댓값

　$= \bigcirc (\boxed{} \times \boxed{})$

06　$(-100) \times (+2)$

　　　　절댓값　　절댓값

　$= \bigcirc (\boxed{} \times \boxed{})$

▶ 개념 다지기 2

계산해 보세요.

01 $(+16) \times (-4)$

$= -(16 \times 4)$

$= -64$

답: -64

02 $(-22) \times (-2)$

03 $(+12) \times (-12)$

04 $(-8) \times (+12)$

05 $(-11) \times (-10)$

06 $(-13) \times (+9)$

▶ 정답 및 해설 8쪽

▶ 개념 마무리 1

주어진 곱셈식의 계산 결과가 큰 순서대로 기호를 쓰세요.

01

$\bigcirc \ (-6) \times (-3)$

$\bigcirc \!\!\!\! L \ (-6) \times (+3)$

$\bigcirc \!\!\!\! C \ (+6) \times (+2)$

➡ $\bigcirc, \bigcirc \!\!\!\! C, \bigcirc \!\!\!\! L$

02

$\bigcirc \ (+4) \times (+5)$

$\bigcirc \!\!\!\! L \ (+4) \times (+6)$

$\bigcirc \!\!\!\! C \ (-4) \times (+7)$

➡ _____

03

$\bigcirc \ (-7) \times (+9)$

$\bigcirc \!\!\!\! L \ (+9) \times (+5)$

$\bigcirc \!\!\!\! C \ (+5) \times (-10)$

➡ _____

04

$\bigcirc \ (+8) \times (-3)$

$\bigcirc \!\!\!\! L \ (-8) \times (-3)$

$\bigcirc \!\!\!\! C \ (-8) \times (+8)$

➡ _____

05

$\bigcirc \ (+5) \times (+3)$

$\bigcirc \!\!\!\! L \ (+6) \times (-2)$

$\bigcirc \!\!\!\! C \ (-2) \times (+10)$

➡ _____

06

$\bigcirc \ (+4) \times (-10)$

$\bigcirc \!\!\!\! L \ (+7) \times (-5)$

$\bigcirc \!\!\!\! C \ (-6) \times (-11)$

➡ _____

▶ 개념 마무리 2

㉠과 ㉡에 알맞은 수를 찾아 정수의 곱셈식을 모두 쓰세요. (단, ㉠>㉡)

01 $(\,㉠\,)\times(\,㉡\,)=-6$

식① : $(+1)\times(-6)=-6$

식② : $(+6)\times(-1)=-6$

식③ : $(+2)\times(-3)=-6$

식④ : $(+3)\times(-2)=-6$

02 $(\,㉠\,)\times(\,㉡\,)=+3$

식① :

식② :

03 $(\,㉠\,)\times(\,㉡\,)=+8$

식① :

식② :

식③ :

식④ :

04 $(\,㉠\,)\times(\,㉡\,)=-10$

식① :

식② :

식③ :

식④ :

05 $(\,㉠\,)\times(\,㉡\,)=-20$

식① :

식② :

식③ :

식④ :

식⑤ :

식⑥ :

06 $(\,㉠\,)\times(\,㉡\,)=+27$

식① :

식② :

식③ :

식④ :

6 유리수의 곱셈

$$\left(분수\right)\times\left(분수\right) \quad \left(-\frac{8}{5}\right)\times\left(-\frac{7}{12}\right)$$

(음수) × (음수)니까
결과는 **양수**겠지~

부호를 쓰고,

$$= + \left(\frac{{}^{2}\cancel{8}}{5} \times \frac{7}{\cancel{12}_{3}} \right)$$

절댓값끼리의 곱!
분수끼리 곱할 때는
약분하기~

$$= + \frac{14}{15}$$

분수의 곱셈에서는 약분 이 중요!

분모와 분자를 같은 수로 나누어
간단히 만드는 것

예 $\dfrac{1}{\cancel{6}_{2}} \times \dfrac{{}^{3}\cancel{9}}{4} = \dfrac{3}{8}$

$\dfrac{{}^{1}\cancel{5}}{\cancel{18}_{6}} \times \dfrac{{}^{1}\cancel{3}}{\cancel{10}_{2}} = \dfrac{1}{12}$

▶ 개념 익히기 1

약분하여 분수의 곱셈을 계산해 보세요.

01

$$\frac{1}{\cancel{2}_{1}} \times \frac{\cancel{8}^{4}}{5} = \frac{4}{5}$$

02

$$\frac{3}{4} \times \frac{32}{9}$$

03

$$\frac{7}{20} \times \frac{10}{21}$$

$$\boxed{(\text{분수}) \times (\text{정수})} \quad \frac{5}{6} \times (-9)$$

다른 부호끼리
곱했으니까~

$$= - \left(\frac{5}{6} \times 9 \right)$$

$$= - \left(\frac{5}{6} \times \frac{9}{1} \right)$$

자연수는
분모가 1인 분수로
생각해~

$$= - \left(\frac{5}{6_2} \times \frac{\overset{3}{\cancel{9}}}{1} \right)$$

약분하고,
분자끼리 분모끼리
곱하기!

$$= - \frac{15}{2}$$

$\boxed{(\text{분수}) + (\text{분수})}$는 **통분을** 해서
계산하는 거였지~

예 $\frac{3}{4} + 6 = \frac{3}{4} + \frac{6}{1}$

$\quad = \frac{3}{4} + \frac{24}{4}$

$\quad = \frac{27}{4}$

소수의 곱셈은
분수로 바꿔서 계산하면 돼~

예 $1.3 \times \left(-\frac{5}{3} \right) = \frac{13}{10} \times \left(-\frac{5}{3} \right)$

$\quad = - \left(\frac{13}{\cancel{10}} \times \frac{\overset{1}{\cancel{5}}}{3} \right)$

$\quad = - \frac{13}{6}$

▶ 개념 익히기 2

약분을 바르게 한 식에 ○표 하세요.

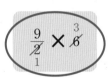 4-24

01

$\left(\cancel{\frac{9}{2}}_1 \times \cancel{6}^3 \right)$

$\cancel{\frac{9}{2}}_1 + \cancel{6}^3$

$\cancel{\frac{9}{2}} \times \cancel{6}_2^3$

02

$\frac{4}{\cancel{5}}_1 + \cancel{10}^2$

$\frac{4}{\cancel{5}}_1 \times \cancel{10}^2$

$\frac{\cancel{4}}{5} \times \cancel{10}_5^2$

03

$\frac{\cancel{8}}{3}^4 \times \frac{\cancel{6}}{7}^3$

$\frac{8}{\cancel{5}}_1 + \cancel{6}^2$

$\frac{8}{\cancel{5}}_1 \times \cancel{6}^2$

▶ 개념 다지기 1

계산해 보세요.

01 $\left(+\dfrac{1}{4}\right) \times \left(-\dfrac{16}{5}\right)$

$= \bigominus \left(\dfrac{1}{\cancel{4}_{1}} \times \dfrac{\cancel{16}^{4}}{5}\right)$

$= \bigcirc \Box$

02 $\left(+\dfrac{3}{10}\right) \times \left(-\dfrac{5}{6}\right)$

$= \bigcirc \left(\dfrac{3}{10} \times \dfrac{5}{6}\right)$

$= \bigcirc \Box$

03 $\left(-\dfrac{2}{3}\right) \times (+15)$

$= \bigcirc \left(\dfrac{2}{3} \times 15\right)$

$= \bigcirc \Box$

04 $\left(-\dfrac{7}{6}\right) \times \left(-\dfrac{2}{35}\right)$

05 $(+18) \times \left(+\dfrac{9}{2}\right)$

06 $\left(+\dfrac{11}{14}\right) \times (-28)$

▶ 개념 다지기 2

유리수의 덧셈과 곱셈을 계산해 보세요.

01 $\left(+\dfrac{3}{5}\right)\times\left(-\dfrac{8}{5}\right)$

$=-\left(\dfrac{3}{5}\times\dfrac{8}{5}\right)$

$=-\dfrac{24}{25}$

02 $(-6)+\left(-\dfrac{2}{3}\right)$

03 $\left(-\dfrac{3}{2}\right)\times\left(+\dfrac{4}{3}\right)$

04 $(-0.25)+\left(+\dfrac{7}{4}\right)$

05 $\left(-\dfrac{1}{6}\right)+\left(-\dfrac{5}{6}\right)$

06 $\left(-\dfrac{1}{8}\right)\times(-0.4)$

▶ 개념 마무리 1

물음에 답하세요.

01 어떤 두 수의 절댓값이 각각 $\frac{8}{3}$, $\frac{3}{4}$이고 두 수의 곱이 음수일 때, 두 수를 모두 구하세요.

곱한 두 수의
부호가 다름

답: $-\dfrac{8}{3}$, $+\dfrac{3}{4}$ 또는 $+\dfrac{8}{3}$, $-\dfrac{3}{4}$

02 어떤 두 수의 절댓값이 각각 6, $\frac{1}{3}$이고 두 수의 곱이 양수일 때, 두 수를 모두 구하세요.

03 어떤 두 수의 절댓값이 각각 $\frac{1}{10}$, 2.5이고 두 수의 곱이 음수일 때, 두 수를 모두 구하세요.

04 어떤 두 수의 절댓값이 각각 $\frac{2}{7}$, $\frac{1}{4}$이고 두 수의 합과 곱이 모두 양수일 때, 두 수를 구하세요.

05 어떤 두 수의 절댓값이 각각 $\frac{4}{5}$, 0.5이고 두 수의 합이 음수, 곱이 양수일 때, 두 수를 구하세요.

06 어떤 두 수의 절댓값이 각각 4, 3.2이고 두 수의 합과 곱이 모두 음수일 때, 두 수를 구하세요.

▶ 정답 및 해설 14~15쪽

▶ 개념 마무리 2

물음에 답하세요.

01

$$+\frac{7}{2} \qquad -3 \qquad +4 \qquad -\frac{1}{3}$$

(1) 절댓값이 가장 큰 수와 절댓값이 가장 작은 수의 곱을 구하세요.

$$-\frac{1}{3} \qquad +4$$

$$\rightarrow (+4) \times \left(-\frac{1}{3}\right) = -\frac{4}{3}$$

답: $-\dfrac{4}{3}$

(2) 두 수의 곱이 가장 **클 때**, 곱한 결과를 쓰세요.

02

$$-\frac{5}{4} \qquad -2 \qquad +1 \qquad +\frac{1}{4}$$

(1) 절댓값이 가장 큰 수와 절댓값이 가장 작은 수의 곱을 구하세요.

(2) 두 수의 곱이 가장 **클 때**, 곱한 결과를 쓰세요.

03

$$+\frac{6}{5} \qquad -9 \qquad +7 \qquad -10$$

(1) 절댓값이 가장 큰 수와 절댓값이 가장 작은 수의 곱을 구하세요.

(2) 두 수의 곱이 가장 **작을 때**, 곱한 결과를 쓰세요.

04

$$+\frac{8}{3} \qquad +\frac{1}{2} \qquad -1 \qquad -\frac{3}{2}$$

(1) 절댓값이 가장 큰 수와 절댓값이 가장 작은 수의 곱을 구하세요.

(2) 두 수의 곱이 가장 **작을 때**, 곱한 결과를 쓰세요.

7 곱셈의 계산법칙

곱셈의 교환법칙

$$\heartsuit \times \star = \star \times \heartsuit$$

덧셈의 계산법칙

❶ 덧셈의 **교환법칙**

$a+b=b+a$

❷ 덧셈의 **결합법칙**

$(a+b)+c$
$= a+(b+c)$

⚠ 사용한 법칙을 쓸 때는, 앞에 '덧셈의~' 또는 '곱셈의~'를 붙여 써요.

 어떤 수끼리 곱하든, 계산 결과는 항상

" 부호 절댓값의 **곱** " 이니까

예

$$(-2) \times (+3) = -(2 \times 3) = -6$$

$$(+3) \times (-2) = -(3 \times 2) = -6$$

▶ 개념 익히기 1

다음 중 계산 결과가 같은 것끼리 선으로 이으세요.

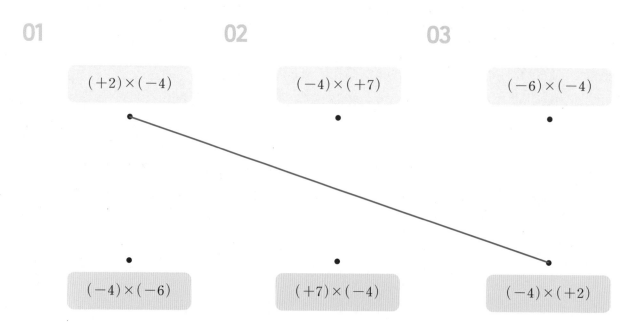

01
$(+2) \times (-4)$

02
$(-4) \times (+7)$

03
$(-6) \times (-4)$

$(-4) \times (-6)$

$(+7) \times (-4)$

$(-4) \times (+2)$

곱셈의 결합법칙

$$(\triangle \times \square) \times \heartsuit = \triangle \times (\square \times \heartsuit)$$

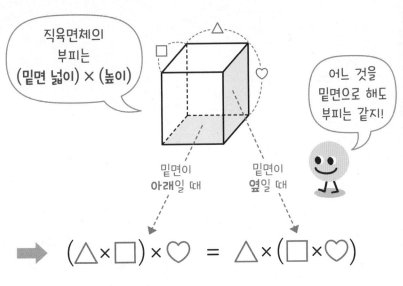

직육면체의
부피는
(밑면 넓이) × (높이)

어느 것을
밑면으로 해도
부피는 같지!

밑면이
아래일 때

밑면이
옆일 때

➡ $(\triangle \times \square) \times \heartsuit = \triangle \times (\square \times \heartsuit)$

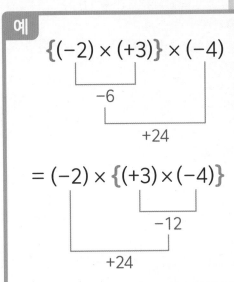

예

$$\{(-2) \times (+3)\} \times (-4)$$

-6

$+24$

$$= (-2) \times \{(+3) \times (-4)\}$$

-12

$+24$

▶ 개념 익히기 2

빈칸을 알맞게 채우세요.

4-30

01

$$\blacktriangle \times \bigstar$$

$$= \bigstar \times \blacktriangle$$

➡ __곱셈__ 의 __교환__ 법칙

02

$$\heartsuit + \clubsuit$$

$$= \clubsuit + \heartsuit$$

➡ _____의 _____법칙

03

$$(\spadesuit \times \square) \times \triangledown$$

$$= \spadesuit \times (\square \times \triangledown)$$

➡ _____의 _____법칙

▶ 개념 다지기 1

곱셈의 계산법칙을 쓰고, 빈칸을 알맞게 채우세요.

01

$(-2) \times (+3) \times (-5)$ ······· 곱셈의 **교환** 법칙

$= (+3) \times (-2) \times (-5)$ ◀····· 곱셈의 **결합** 법칙

$= (+3) \times \{(-2) \times (-5)\}$ ◀·····

$= (+3) \times (\boxed{+10})$

$= \boxed{+30}$

02

$(-12) \times (-10) \times \left(-\dfrac{1}{2}\right)$ ······· 곱셈의 _____ 법칙

$= (-12) \times \left\{(-10) \times \left(-\dfrac{1}{2}\right)\right\}$ ◀·····

$= (-12) \times (\boxed{})$

$= \boxed{}$

03

$(+5) \times (-9) \times (+8)$ ······· 곱셈의 _____ 법칙

$= (-9) \times (+5) \times (+8)$ ◀····· 곱셈의 _____ 법칙

$= (-9) \times \{(+5) \times (+8)\}$ ◀·····

$= (-9) \times (\boxed{})$

$= \boxed{}$

04

$(-4) \times (+13) \times \left(-\dfrac{1}{4}\right)$ ······· 곱셈의 _____ 법칙

$= (+13) \times (-4) \times \left(-\dfrac{1}{4}\right)$ ◀····· 곱셈의 _____ 법칙

$= (+13) \times \left\{(-4) \times \left(-\dfrac{1}{4}\right)\right\}$ ◀·····

$= (+13) \times (\boxed{})$

$= \boxed{}$

05

$(+1.2) \times (+7) \times (-5)$ ······· 곱셈의 _____ 법칙

$= (+7) \times (+1.2) \times (-5)$ ◀····· 곱셈의 _____ 법칙

$= (+7) \times \{(+1.2) \times (-5)\}$ ◀·····

$= (+7) \times (\boxed{})$

$= \boxed{}$

06

$(+6) \times (+11) \times \left(-\dfrac{1}{3}\right)$ ······· 곱셈의 _____ 법칙

$= (+11) \times (+6) \times \left(-\dfrac{1}{3}\right)$ ◀····· 곱셈의 _____ 법칙

$= (+11) \times \left\{(+6) \times \left(-\dfrac{1}{3}\right)\right\}$ ◀·····

$= (+11) \times (\boxed{})$

$= \boxed{}$

▶ 개념 다지기 2

같은 식이 되도록 빈칸을 알맞게 채우세요.

01

$$\left(-\frac{1}{3}\right) \times (-2) \times 9$$

$$= (-2) \times \boxed{9} \times \left(-\frac{1}{3}\right)$$

02

$$20 \times 11 \times 5$$

$$= 20 \times \boxed{} \times 11$$

03

$$(-0.5) \times (+13) \times (+10)$$

$$= (+13) \times (\boxed{}) \times (+10)$$

04

$$(\boxed{}) \times (-14) \times 25$$

$$= 25 \times (-4) \times (-14)$$

05

$$\left(-\frac{3}{4}\right) \times \left(\boxed{}\right) \times \left(+\frac{4}{9}\right)$$

$$= \left(-\frac{3}{4}\right) \times \left(+\frac{4}{9}\right) \times \left(+\frac{13}{11}\right)$$

06

$$\left(+\frac{2}{7}\right) \times (-10) \times (+28)$$

$$= (\boxed{}) \times \left(+\frac{2}{7}\right) \times (-10)$$

▶ 정답 및 해설 17쪽

▶ 개념 마무리 1

먼저 계산하는 것이 편한 두 수를 찾아 ○표 하고, 계산해 보세요.

01 $(-5) \times (+2.3) \times (-4)$

$= \{(-5) \times (-4)\} \times (+2.3)$

$= (+20) \times (+2.3)$

$= +46$

답: $+46$

02 $(+2) \times (-13) \times (+5)$

03 $(+19) \times (+8) \times \left(-\dfrac{1}{4}\right)$

04 $(-0.01) \times \left(+\dfrac{10}{3}\right) \times (-100)$

05 $(+6) \times \left(+\dfrac{5}{7}\right) \times \left(-\dfrac{7}{5}\right)$

06 $\left(-\dfrac{2}{7}\right) \times (-4.5) \times (-7)$

▶ 개념 마무리 2

주어진 식을 이용하여 다음을 계산해 보세요.

01

$$\triangle \times \square = 3$$

$$\triangle \times (-2) \times \square$$

$$= \underline{\triangle \times \square} \times (-2)$$
$$\quad\;\; {}_{3}$$

$$= 3 \times (-2)$$

$$= -6$$

답: -6

02

$$\blacktriangledown \times \star = 5$$

$$(+3) \times \blacktriangledown \times \star$$

03

$$㉠ \times ㉡ = -4$$

$$㉡ \times (-㉠)$$

04

$$◎ \times ♡ = -2$$

$$(-♡) \times (-◎)$$

05

$$㉮ \times ㉯ = -1, \quad ㉱ \times ㉰ = 6$$

$$㉮ \times ㉰ \times ㉱ \times ㉯$$

06

$$ⓐ \times ⓑ = -8, \quad ⓒ \times ⓓ = -7$$

$$ⓑ \times ⓓ \times (-ⓐ) \times (-ⓒ)$$

8 여러 수의 곱셈

$$(-4) \times (-1) \times (-3) \times \left(-\frac{1}{2}\right)$$

+4 $+\frac{3}{2}$

+6

$$= +6$$

$$(-2) \times (-9) \times \left(-\frac{1}{6}\right) \times \left(-\frac{1}{3}\right) \times (-5)$$

+18 $+\frac{1}{18}$

+1

−5

$$= -5$$

추천   **부호를 먼저 정하고, 수만 따로 떼어서 계산해도 돼~**

$$(-4) \times (-1) \times (-3) \times \left(-\frac{1}{2}\right)$$

$$= + \left(\overset{2}{4} \times 1 \times 3 \times \frac{1}{\underset{1}{2}}\right) = +6$$

⊖가 짝수 번 곱해진 거니까 곱하면 ⊕

$$(-2) \times (-9) \times \left(-\frac{1}{6}\right) \times \left(-\frac{1}{3}\right) \times (-5)$$

$$= - \left(\overset{1}{2} \times \overset{\overset{1}{3}}{9} \times \frac{1}{\underset{\underset{1}{3}}{6}} \times \frac{1}{\underset{1}{3}} \times 5\right) = -5$$

⊖가 홀수 번 곱해진 거니까 곱하면 ⊖

▶ 개념 익히기 1

계산 결과가 양수이면 '양', 음수이면 '음'이라고 쓰세요.

01

➡ 음

02

➡

03

➡

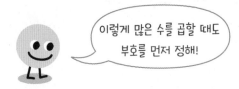

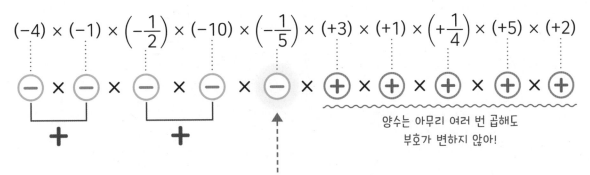

음수가 하나 남았으니까 음수는 홀수 개!
계산 결과는 음수겠지!
그러니까 답은 -30

개념 익히기 2

○ 안에는 부호를, ☐ 안에는 수를 알맞게 쓰세요.

4-36

01

$$(-2) \times (-2) \times (-2) = \bigcirc (2 \times 2 \times 2)$$
음수의 개수: **3**개

02

$$(-3) \times (-3) \times (-3) \times (-3) \times (-3) = \bigcirc (3 \times 3 \times 3 \times 3 \times 3)$$
음수의 개수: ☐개

03

$$(-1) \times (+2) \times (+3) \times (+4) \times (-5) = \bigcirc (1 \times 2 \times 3 \times 4 \times 5)$$
음수의 개수: ☐개

▶ 개념 다지기 1

곱셈식에서 음수의 개수를 세어 ○ 안에 알맞은 부호를 쓰고, 계산해 보세요.

01 $(-2) \times (-3) \times (+5) \times (+3)$

$= \boxed{+} (2 \times 3 \times 5 \times 3)$

$= +90$

02 $(+4) \times (-1) \times (+6)$

$= \bigcirc (4 \times 1 \times 6)$

$=$

03 $(-8) \times \left(-\dfrac{1}{6}\right) \times (+3)$

$= \bigcirc \left(8 \times \dfrac{1}{6} \times 3\right)$

$=$

04 $(-3) \times (+3) \times (-3) \times \left(-\dfrac{1}{9}\right)$

$= \bigcirc \left(3 \times 3 \times 3 \times \dfrac{1}{9}\right)$

$=$

05 $(-1) \times (-2) \times (-3) \times (-4)$

$= \bigcirc (1 \times 2 \times 3 \times 4)$

$=$

06 $(-2) \times (+5) \times (+4) \times \left(-\dfrac{1}{10}\right)$

$= \bigcirc \left(2 \times 5 \times 4 \times \dfrac{1}{10}\right)$

$=$

▶ 정답 및 해설 21쪽

▶ 개념 다지기 2

계산해 보세요.

01 $(+4) \times (+8) \times \left(-\frac{1}{4}\right) \times (-2)$

$= + \left(\overset{1}{\cancel{4}} \times 8 \times \frac{1}{\underset{1}{\cancel{4}}} \times 2\right)$

$= +16$

답: $+16$

02 $\left(-\frac{1}{10}\right) \times (-2) \times (+5)$

03 $(-12) \times \left(-\frac{1}{3}\right) \times \left(-\frac{1}{2}\right)$

04 $(-7) \times \left(-\frac{1}{14}\right) \times (+8)$

05 $\left(-\frac{2}{5}\right) \times (+10) \times (+22) \times \left(-\frac{1}{4}\right)$

06 $\left(-\frac{7}{30}\right) \times (-3) \times (+5) \times (-2)$

▶ 정답 및 해설 22쪽

▶ 개념 마무리 1

계산해 보세요.

01 $\left(+\dfrac{1}{2}\right)\times\left(-\dfrac{2}{3}\right)\times\left(+\dfrac{3}{4}\right)\times\left(-\dfrac{4}{5}\right)$

$=+\left(\dfrac{1}{\overset{}{\underset{1}{2}}}\times\dfrac{\overset{1}{\cancel{2}}}{\underset{1}{\cancel{3}}}\times\dfrac{\overset{1}{\cancel{3}}}{\underset{1}{\cancel{4}}}\times\dfrac{\overset{1}{\cancel{4}}}{5}\right)$

$=+\dfrac{1}{5}$

답: $+\dfrac{1}{5}$

02 $\left(-\dfrac{a}{b}\right)\times\left(+\dfrac{b}{c}\right)\times\left(-\dfrac{c}{a}\right)$

03 $\left(-\dfrac{a}{b}\right)\times\left(+\dfrac{b}{a}\right)\times\left(-\dfrac{d}{c}\right)\times\left(-\dfrac{c}{d}\right)$

04 $\left(+\dfrac{1}{3}\right)\times\left(-\dfrac{3}{5}\right)\times\left(+\dfrac{5}{7}\right)\times\left(-\dfrac{7}{9}\right)$

05 $\left(-\dfrac{1}{3}\right)\times\left(-\dfrac{2}{4}\right)\times\left(-\dfrac{3}{5}\right)\times\left(-\dfrac{4}{6}\right)\times\left(-\dfrac{5}{7}\right)$

06 $\left(\dfrac{1}{2}-1\right)\times\left(\dfrac{1}{3}-1\right)\times\left(\dfrac{1}{4}-1\right)\times\left(\dfrac{1}{5}-1\right)$

▶ 개념 마무리 2

수 카드 4장 중에 3장을 골라서 곱한 값이 다음과 같이 되도록, 알맞은 카드 3장에 ○표 하세요.

01 곱한 값이 **가장 클 때**

$-\dfrac{2}{3}$　(−4)　(+7)　(−5)

02 곱한 값이 **가장 클 때**

$+8$　$+\dfrac{1}{4}$　$+12$　$+3$

03 곱한 값이 **가장 클 때**

-1　-9　$+\dfrac{5}{6}$　$+2$

04 곱한 값이 **가장 작을 때**

$+\dfrac{5}{7}$　-21　-1　$+7$

05 곱한 값이 **가장 작을 때**

-9　$+25$　-5　$-\dfrac{6}{15}$

06 곱한 값이 **가장 작을 때**

-8　$+\dfrac{11}{8}$　$+10$　$+4$

01 다음 중 -4와 다른 것은?

① $-(+4)$ ② $+(-4)$
③ $(+1) \times (-4)$ ④ $-(-4)$
⑤ $(+4) \times (-1)$

02 다음 식을 괄호를 생략하여 간단히 쓰시오.

$$-(-\square + \triangle - \bigcirc)$$

03 $\bigcirc$ 안에는 부호를, $\square$ 안에는 수를 알맞게 쓰시오.

$$-\{-(-7+12)\} = \bigcirc \square$$

04 곱셈식을 덧셈식 또는 뺄셈식으로 바르게 쓴 것은?

① $(+6) \times (+3)$
 $= -(+6)-(+6)-(+6)$

② $(-5) \times (-2)$
 $= (-5)+(-5)$

③ $(+1) \times (-3)$
 $= (+1)+(+1)+(+1)$

④ $(-2) \times (-4)$
 $= -(-2)-(-2)-(-2)-(-2)$

⑤ $(+4) \times (-1)$
 $= -(+4)-(+4)-(+4)$

05 다음 계산 중 옳지 <u>않은</u> 것은?

① $(+10) \times (-4) = -40$
② $(-6) \times (-5) = +30$
③ $(+4) \times (+7) = +28$
④ $(-2) \times (+11) = -22$
⑤ $(+9) \times (-8) = +72$

06 다음 중 옳지 <u>않은</u> 것은?

① $\square + \triangle = \triangle + \square$

② $(\bigstar + \blacktriangle) + \bullet = \bigstar + (\blacktriangle + \bullet)$

③ $\triangledown - \diamondsuit = \diamondsuit - \triangledown$

④ $\blacklozenge \times \clubsuit = \clubsuit \times \blacklozenge$

⑤ $(\triangle \times \heartsuit) \times \square = \triangle \times (\heartsuit \times \square)$

07 다음 중 바르게 계산한 것은?

① $\left(+\dfrac{5}{6}\right) \times \left(-\dfrac{2}{5}\right) = +\dfrac{1}{3}$

② $\left(-\dfrac{3}{8}\right) \times \left(-\dfrac{4}{9}\right) = -\dfrac{1}{6}$

③ $\left(+\dfrac{7}{2}\right) \times (-14) = -1$

④ $\left(-\dfrac{2}{5}\right) \times \left(-\dfrac{1}{5}\right) = -\dfrac{3}{10}$

⑤ $\left(-\dfrac{1}{4}\right) \times \left(-\dfrac{20}{9}\right) = +\dfrac{5}{9}$

08 다음을 계산하시오.

$$8 + \dfrac{3}{4} \times \left(-\dfrac{16}{3}\right)$$

09 $a > 0$, $b < 0$일 때, 다음 중 곱의 부호가 다른 하나는?

① $(-a) \times (-b)$　　② $b \times b$

③ $(+a) \times (-b)$　　④ $(-a) \times (-a)$

⑤ $(-a) \times b$

10 다음 곱셈식의 계산 결과가 작은 순서대로 기호를 쓰시오.

㉠ $(-5) \times (+4)$	㉡ $(-5) \times (+5)$
㉢ $(-5) \times (-6)$	㉣ $(-5) \times (+7)$

11 곱셈의 계산법칙을 이용하여 계산한 과정입니다. 빈칸을 알맞게 채우시오.

$$\left(-\frac{3}{4}\right)\times\left(+\frac{5}{2}\right)\times\left(-\frac{8}{3}\right)$$ 곱셈의 $\boxed{}$ 법칙

$$=\left(+\frac{5}{2}\right)\times\left(-\frac{3}{4}\right)\times\left(-\frac{8}{3}\right)$$ 곱셈의 $\boxed{}$ 법칙

$$=\left(+\frac{5}{2}\right)\times\left\{\left(-\frac{3}{4}\right)\times\left(-\frac{8}{3}\right)\right\}$$

$$=\left(+\frac{5}{2}\right)\times\left(\boxed{}\right)$$

$$=\boxed{}$$

12 다음을 계산하시오.

$$(-0.2)\times\left(+\frac{5}{3}\right)\times(-9)$$

13 절댓값이 각각 4, 6인 두 수의 합과 곱이 모두 음수일 때, 두 수를 구하시오.

14 다음 중 가장 큰 수와 절댓값이 가장 작은 수의 곱을 구하시오.

$$-\frac{8}{3} \qquad -4 \qquad +5 \qquad +\frac{15}{2}$$

15 다음을 계산하시오.

$$\left(-\frac{2}{1}\right)\times\left(-\frac{3}{2}\right)\times\left(-\frac{4}{3}\right)\times\left(-\frac{5}{4}\right)\times\left(-\frac{6}{5}\right)\times\left(-\frac{7}{6}\right)$$

16 △×□=6일 때, 다음 중 옳지 <u>않은</u> 것은?

① □×△=6

② △×(−□)=−6

③ (−△)×(−□)=−6

④ □×(−1)×△=−6

⑤ □×□×△×△=36

17 다음 조건을 모두 만족하는 두 수의 곱을 구하시오.

> · 두 수의 부호는 서로 반대입니다.
> · 두 수의 절댓값의 곱은 $\dfrac{2}{3}$입니다.

18 네 수 $-\dfrac{2}{5}$, $\dfrac{1}{4}$, $-\dfrac{5}{4}$, 6 중 서로 다른 세 수를 골라 곱한 값 중에서 가장 큰 값을 구하시오.

19 다음을 계산하시오.

$$\left(1-\frac{1}{2}\right)\times\left(1+\frac{1}{3}\right)\times\left(1-\frac{1}{4}\right)\times\left(1+\frac{1}{5}\right)\times$$

$$\left(1-\frac{1}{6}\right)\times\left(1+\frac{1}{7}\right)\times\left(1-\frac{1}{8}\right)$$

20 민주와 지은이가 계단에서 가위바위보를 하여 이기면 2칸을 올라가고, 지면 1칸을 내려가는 게임을 하고 있습니다. 같은 위치에서 8번 가위바위보를 하여 지은이는 3번 이기고, 5번 졌을 때, 두 사람은 몇 칸 떨어져 있는지 구하시오.

21 서술형 문제

$a = (-16) \times \left(+\dfrac{4}{7} \right)$, $b = (+14) \times \left(+\dfrac{5}{8} \right)$

일 때, $a \times b$의 값을 구하시오.

──── 풀이 ────

22 서술형 문제

세 유리수 a, b, c에 대하여 $a \times b > 0$, $b \times c < 0$, $c - a < 0$일 때, a, b, c의 부호를 각각 구하시오.

──── 풀이 ────

23 서술형 문제

다음과 같이 두 정수 ㉠, ㉡의 곱이 6이 되는 곱셈식은 모두 몇 개인지 구하시오.
(단, ㉠ < ㉡)

$$\boxed{㉠} \times \boxed{㉡} = 6$$

──── 풀이 ────

규칙 찾기로 보는 음수의 곱셈

(양수) × (음수)가 (음수)인 이유

$$3 \times 2 = 6$$

3과 곱하는 수가 1씩 작아지면,

곱의 값은 3씩 작아짐

$$3 \times 1 = 3$$

$$3 \times 0 = 0$$

$$3 \times (-1) = -3$$

(양수) × (음수)
= (음수) × (양수) 니까
(−1)×3도 −3이겠지~

(음수) × (음수)가 (양수)인 이유

$$(-3) \times 2 = -6$$

−3과 곱하는 수가 1씩 작아지면,

곱의 값은 3씩 커짐

$$(-3) \times 1 = -3$$

$$(-3) \times 0 = 0$$

$$(-3) \times (-1) = +3$$

그래서,
(음수) × (음수) = (양수)

5 곱셈의 응용

같은 수를 여러 번 더하는 것은 곱셈으로 나타낼 수 있었지요.

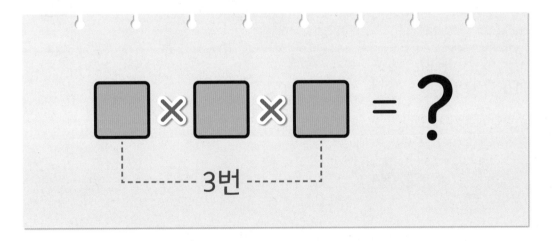

그렇다면, 같은 수를 여러 번 곱하는 것은 어떻게 나타낼까요?

우선 '**거듭제곱**'에 대해서 배운 다음,
같은 음수를 여러 번 곱하거나, 같은 분수를 여러 번 곱할 때
어떻게 계산하는지도 알아볼 거예요.
자, 그러면 자연수의 거듭제곱부터 시작해 볼까요?

1 거듭제곱이란?

거듭제곱

거듭(반복)해서   자신을   곱한다는 뜻!

$$2^4 \leftarrow \text{2를 4번 곱했다는 뜻!}$$

$$= 2 \times 2 \times 2 \times 2$$
$$= 16$$

$$2 \times 2 \times 2 = 2^3$$

3번 곱하기

$$2 \times 2 = 2^2$$

2번 곱하기

$$2 = 2^1$$

1번 곱하기

2^1과 2는 같은 거구나~

▶ 개념 익히기 1

빈칸을 알맞게 채우세요.

01

$$6 \times 6 \times 6 \times 6 = 6^{\boxed{4}}$$

02

$$11 \times 11 = 11^{\square}$$

03

$$5 \times 5 \times 5 = 5^{\square}$$

거듭제곱의 **모양**

오른쪽 위에 작게 쓴 수를
지수라고 해~

2^4

밑에 크게 쓴 수를
밑이라고 해~

⚠ 지수가 **1**이면 생략할 수 있어~

거듭제곱 **읽기**

2^4 : 2의 **네** 제곱

2^3 : 2의 **세** 제곱

지수가 2일 때만
'제곱'이라고 읽기!

2^2 : 2의 **제곱**

2^1 : 2의 **일** 제곱

⚠ 2^1은 주로 2로 쓰고, 그냥 **2**라고 읽지~

▶ 개념 익히기 2

거듭제곱을 바르게 읽은 것에 ○표 하세요.

01

4^5

• 4의 다섯제곱 (○)
• 5의 네제곱 ( )

02

6^4

• 4의 여섯제곱 ( )
• 6의 네제곱 ( )

03

3^2

• 2의 세제곱 ( )
• 3의 제곱 ( )

2 거듭제곱의 계산 (1)

⭐ 거듭제곱에서 **(괄호)**는 엄~청 중요해!

$$(-2)^4$$

> 괄호 통째로 거듭제곱!

$$= (-2) \times (-2) \times (-2) \times (-2)$$

⊖도 4번 곱한 것

$$= +2^4$$

$$= +16$$

$$(-2)^{\square}$$

부호도 ▨번, 2도 ▨번 곱하기

예 $(-1)^{100} = +1^{100} = 1$

> 1은 여러 번 곱해도 1이지~

▶ **개념 익히기 1**

알맞은 것끼리 선으로 이으세요.

01 $(-3)^4$ •   • $(-4) \times (-4) \times (-4)$

02 3^4 •   • $3 \times 3 \times 3 \times 3$

03 $(-4)^3$ •   • $(-3) \times (-3) \times (-3) \times (-3)$

⭐ 거듭제곱에서 **괄호가 없을** 때는?

지수는
밑에만!

$$= -2 \times 2 \times 2 \times 2$$

부호는
그대로

$$= -16$$

$-2^{\boxed{}}$

부호는 그대로, 2만 ▨번 곱하기

예 $-1^{100} = -1$

괄호가 없으니까
부호는 그대로~!

▶ 개념 익히기 2

○ 안에 +, −를 알맞게 쓰세요.

01

$$(-6)^{25} = \boxed{-} \, 6^{25}$$

02

$$(-2)^{48} = \bigcirc \, 2^{48}$$

03

$$(-5)^{333} = \bigcirc \, 5^{333}$$

▶ 정답 및 해설 32쪽

▶ 개념 다지기 1

곱셈식은 거듭제곱으로, 거듭제곱은 곱셈식으로 나타내세요.

01 $-7 \times 7 \times 7 \times 7$

거듭제곱으로 ↓

-7^4

02 11^3

곱셈식으로 ↓

03 $-6 \times 6 \times 6$

거듭제곱으로 ↓

04 -5^6

곱셈식으로 ↓

05 $(-3) \times (-3) \times (-3) \times (-3) \times (-3)$

거듭제곱으로 ↓

06 $(-9)^4$

곱셈식으로 ↓

▶ 개념 다지기 2

계산해 보세요.

01 $(-5)^2 = +25$

02 -4^2

03 $(-1)^{10}$

04 -1^{333}

05 $(-3)^3$

06 -2^5

▶ 개념 마무리 1

옳은 설명에는 ○표, 틀린 설명에는 ×표 하세요.

01

양수의 거듭제곱은 항상 양수입니다. (○)

02

1의 거듭제곱은 항상 1입니다. (　　)

03

음수를 홀수 번 거듭제곱하면 양수입니다. (　　)

04

3^2은 2의 세제곱이라고 읽습니다. (　　)

05

지수가 1이면 생략할 수 있습니다. (　　)

06

-2^4은 -2를 네 번 곱한 식을 의미합니다. (　　)

▶ 개념 마무리 2

계산해 보세요.

01 $1^2 \times (-2)^2 = +4$

02 $(-1^3) \times (-6)^2$

03 $(-3^2) \times (-2)^3$

04 $(-1^2) \times (-4)^2$

05 $(-1^5) \times (-1)^2 \times (-1)^3$

06 $(-1)^{100} \times (-1^{200}) \times (-1)^{2023}$

거듭제곱 앞에 부호가 있을 때는?

> 거듭제곱을
> 먼저 해결하기!

$$- (-5)^2$$
$$\underbrace{\quad}_{(-5) \times (-5)}$$

$$= - \{(-5) \times (-5)\}$$

$$= - (+25)$$

$$= -25$$

> ⚠ 이렇게 하면 안 돼!
>
> $$- (-5)^2 \quad ✗$$
> $$\downarrow \quad \downarrow$$
> $$➡ \; + (+5)^2$$
> $$➡ \; +25$$

▶ **개념 익히기 1**

○ 안에는 부호를, ☐ 안에는 수를 알맞게 써서 거듭제곱을 계산해 보세요.

01

$$- (-2)^6$$

$$= -(\oplus \boxed{2}^{\boxed{6}})$$

$$= -(\oplus \boxed{64})$$

$$= \ominus \boxed{64}$$

02

$$- (-2)^4$$

$$= -(\bigcirc \boxed{}^{\boxed{}})$$

$$= -(\bigcirc \boxed{})$$

$$= \bigcirc \boxed{}$$

03

$$- (-3)^3$$

$$= -(\bigcirc \boxed{}^{\boxed{}})$$

$$= -(\bigcirc \boxed{})$$

$$= \bigcirc \boxed{}$$

▶ 정답 및 해설 34쪽 5-09

$$4 - \left\{ (-2)^3 \times \frac{3}{4} - (-2)^2 \right\}$$

거듭제곱부터 계산하기　거듭제곱부터 계산하기

$$= 4 - \left\{ (-8) \times \frac{3}{4} - (+4) \right\}$$

$$= 4 - \left\{ -\left(\overset{2}{\cancel{8}} \times \frac{3}{\cancel{4}_1} \right) - (+4) \right\}$$

$$= 4 - \{ -6 - (+4) \}$$

$$= 4 - (-10)$$

$$= 4 + (+10)$$

$$= 14$$

식의 계산 순서

❶ 거듭제곱이 있으면, 거듭제곱부터 계산

예　$-4 + (-3)^2$
$= -4 + (+9)$
$= 5$

❷ $+$, $-$보다 $\times$, $\div$를 먼저 계산하고, 괄호가 있으면 괄호부터 계산

예　$3 - 2 \times 5$　　예　$(3-2) \times 5$
$= 3 - 10$　　　　$= 1 \times 5$
$= -7$　　　　　$= 5$

❸ (소괄호), { 중괄호 }, [대괄호] 순서로 계산

예　$7 - [3 \times \{ (11-5) \div 2 \}] = -2$
　　　　　　　　　6
　　　　　　　　3
　　　　　9
　　　−2

▶ 개념 익히기 2

가장 먼저 계산해야 하는 곳에 ○표 하세요.

 5-10

01

$$5 - (-3) \times \boxed{(-2)^2}$$

02

$$(-6)^3 \div 4 \times (-10)$$

03

$$12 \times (-7)^5 + 10$$

▶ 개념 다지기 1

계산해 보세요.

01 $-(-7)^2 = -49$

$$-(\overset{\frown}{-7})^2$$
$$= -(+49)$$
$$= -49$$

02 $-(-2)^3$

03 $-(-3^2)$

04 $(-4)^3$

05 $-\{-(-1^{1000})\}$

06 $-[-\{-(-6)^2\}]$

▶ 정답 및 해설 36쪽

▶ 개념 다지기 2

계산 결과가 다른 하나를 찾아 V표 하세요.

01 $-(-3)^3$ ☑

$(-3)^3$ ☐

-3^3 ☐

02 $-(+6)^2$ ☐

36 ☐

-6^2 ☐

03 -2^4 ☐

$-(-2^4)$ ☐

$+(-2)^4$ ☐

04 $(-1)^{95}$ ☐

-1^{100} ☐

$-(-1)^{99}$ ☐

05 $-(-10)^3$ ☐

-10^3 ☐

$-(-1000)$ ☐

06 -5^4 ☐

$-(-5^4)$ ☐

$(-5)^4$ ☐

▶ 정답 및 해설 37쪽

▶ 개념 마무리 1

물음에 답하세요.

01

가장 작은 수에 ○표 하세요.

$$-(-2)^2 \qquad \boxed{-2^4} \qquad -(-2^3)$$
$$=-(+4) \qquad =-16 \qquad =-(-8)$$
$$=-4 \qquad\qquad\qquad =+8$$

02

가장 큰 수에 ○표 하세요.

$$-(-3^4) \qquad\qquad -(-3)^2 \qquad\qquad -3^3$$

03

가장 작은 수에 ○표 하세요.

$$(-6)^2 \qquad\qquad -5^2 \qquad\qquad (-4)^3$$

04

두 번째로 큰 수에 ○표 하세요.

$$(-4)^2 \qquad -(-7)^2 \qquad -(-2^5) \qquad -9^2$$

05

양수는 몇 개일까요?

$$-3^2 \qquad -2^3 \qquad -(-4^3) \qquad -(-3)^5 \qquad 8^3$$

06

음수는 몇 개일까요?

$$(-8)^2 \qquad -1^8 \qquad -(-3^3) \qquad -(-6)^3 \qquad -100^2$$

▶ 개념 마무리 2

계산해 보세요.

01 $5-(-2)^2 \times (-3)$

$=5-(+4) \times (-3)$

$=5-(-12)$

$=5+(+12)$

$=+17$

답: $+17$

02 $-(-4)^3+(-10)$

03 $(-1)^3+9 \times (-1)$

04 $(-7) \times 2^3+(-6)^2$

05 $12-\{(-5)^2 \times (-4)+(-2)^4\}$

06 $\{(-3)^2 \times 2+(-3^3)\} \times (-8)$

4 분수의 거듭제곱

$$\left(\frac{2}{3}\right)^3$$

괄호 통째로
지수만큼 곱하기!

$$= \frac{2}{3} \times \frac{2}{3} \times \frac{2}{3}$$

분수의 곱셈은 분모는 분모끼리,
분자는 분자끼리 곱하는 거였지~

$$= \frac{2 \times 2 \times 2}{3 \times 3 \times 3}$$

분수의 거듭제곱은
이렇게~

$$= \frac{2^3}{3^3}$$

$$= \frac{8}{27}$$

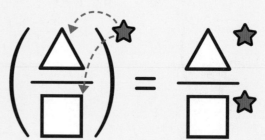

▶ 개념 익히기 1

빈칸에 알맞은 수를 쓰세요.

01

$$\left(\frac{5}{4}\right)^7 = \frac{5^7}{4^{\boxed{7}}}$$

02

$$\left(\frac{3}{14}\right)^3 = \frac{3^{\square}}{14^{\square}}$$

03

$$\left(\frac{1}{9}\right)^5 = \frac{1^{\square}}{9^{\square}}$$

▶ 정답 및 해설 39쪽 5-15

$$(\ominus)^{\text{짝수}} \dashrightarrow \text{양수}$$

$$(\ominus)^{\text{홀수}} \dashrightarrow \text{음수}$$

 분자만 거듭제곱

 분모만 거듭제곱

$$\left(-\dfrac{2}{3}\right)^{3} = -\dfrac{2^{3}}{3^{3}}$$

$$= -\dfrac{8}{27}$$

2만 3번 곱하기 $-\dfrac{2^{3}}{3}$

$$= -\dfrac{2 \times 2 \times 2}{3}$$

$$= -\dfrac{8}{3}$$

$-\dfrac{4}{7^{2}}$ 7만 2번 곱하기

$$= -\dfrac{4}{7 \times 7}$$

$$= -\dfrac{4}{49}$$

▶ 개념 익히기 2

○ 안에는 부호를, □ 안에는 수를 알맞게 쓰세요.

01

$$\left(-\dfrac{7}{6}\right)^{5} = \ominus\,\dfrac{7^{\boxed{5}}}{6^{5}}$$

02

$$\left(-\dfrac{3}{10}\right)^{2} = \bigcirc\,\dfrac{3^{\square}}{10^{2}}$$

03

$$\left(-\dfrac{2}{5}\right)^{9} = \bigcirc\,\dfrac{2^{\square}}{5^{\square}}$$

▶ 정답 및 해설 39쪽

▶ 개념 다지기 1

빈칸을 알맞게 채우세요.

01

$$\left(-\frac{5}{\boxed{6}}\right)^{\boxed{2}} = \frac{5^2}{6^{\boxed{2}}}$$

02

$$\left(\frac{7}{2}\right)^{\Box} = \frac{7^6}{2^6}$$

03

$$\left(\frac{4}{9}\right)^{\Box} = \frac{4^5}{9^{\Box}}$$

04

$$\left(-\frac{\Box}{3}\right)^{\Box} = \frac{1}{3^{100}}$$

05

$$\left(\frac{12}{5}\right)^{\Box} = \frac{12 \times 12 \times 12 \times 12}{5 \times 5 \times 5 \times 5}$$

06

$$\left(-\frac{11}{\Box}\right)^{\Box}$$

$$= \left(-\frac{\Box}{8}\right) \times \left(-\frac{\Box}{8}\right) \times \left(-\frac{\Box}{8}\right)$$

▶정답 및 해설 39쪽

▶ 개념 다지기 2

거듭제곱을 계산해 보세요.

01 $-\dfrac{1}{3^3} = -\dfrac{1}{27}$

02 $\left(-\dfrac{1}{8}\right)^2$

03 $\dfrac{(-7)^2}{5}$

04 $\left(-\dfrac{1}{2}\right)^5$

05 $\left(-\dfrac{1}{10}\right)^4$

06 $-\dfrac{13}{6^2}$

▶ 정답 및 해설 40쪽

▶ 개념 마무리 1

크기를 비교하여 ○ 안에 >, =, <를 알맞게 쓰세요.

01 $\left(-\dfrac{1}{4}\right)^2 \;\bigcirc\!\!=\; \dfrac{1}{4^2}$

02 $\dfrac{3^8}{2} \;\bigcirc\; \left(\dfrac{3}{2}\right)^8$

03 $\left(-\dfrac{2}{7}\right)^{101} \;\bigcirc\; \left(-\dfrac{2}{7}\right)^{100}$

04 $-\dfrac{1}{11^5} \;\bigcirc\; \left(-\dfrac{1}{11}\right)^5$

05 $\left(-\dfrac{99}{100}\right)^4 \;\bigcirc\; \left(-\dfrac{99}{100}\right)^5$

06 $\left(-\dfrac{1}{23}\right)^6 \;\bigcirc\; \dfrac{1}{25^6}$

▶ 개념 마무리 2

$a>0$, $b<0$일 때, 부등호를 사용하여 주어진 식의 부호를 나타내세요.

01 $-a^2 < 0$

a는 $\oplus$

$\rightarrow -\oplus^2$

$\rightarrow -\oplus$

$\rightarrow \ominus$

02 $(-a)^3$

03 $(-b)^5$

04 $(-a)^5 \times b^2$

05 $a^3 - b^3$

06 $(-a)^{99} + b^{101}$

거듭제곱의 곱셈

거듭제곱으로 나타낸 수끼리 곱할 때는~

방법 ① 거듭제곱을 먼저 계산해서~

$$\left(-\frac{5}{3}\right)^3 \times \left(-\frac{1}{5}\right)^2$$

$$= \left(-\frac{5^3}{3^3}\right) \times \left(+\frac{1^2}{5^2}\right)$$

$$= -\left(\frac{5^3}{3^3} \times \frac{1^2}{5^2}\right)$$

거듭제곱 계산

$$= -\left(\frac{\overset{5}{\cancel{125}}}{27} \times \frac{1}{\underset{1}{\cancel{25}}}\right)$$

$$= -\frac{5}{27}$$

방법 ② 곱셈으로 다 풀어서~

$$\left(-\frac{5}{3}\right)^3 \times \left(-\frac{1}{5}\right)^2$$

$$= \left(-\frac{5^3}{3^3}\right) \times \left(+\frac{1^2}{5^2}\right)$$

분자끼리 분모끼리 곱해서 약분

$$= \left(-\frac{5\times5\times5}{3\times3\times3}\right) \times \left(+\frac{1}{5\times5}\right)$$

$$= -\frac{5\times\overset{1}{\cancel{5}}\times\overset{1}{\cancel{5}}}{3\times3\times3\times\underset{1}{\cancel{5}}\times\underset{1}{\cancel{5}}}$$

$$= -\frac{5}{27}$$

▶ **개념 익히기 1**

같은 것끼리 선으로 이으세요.

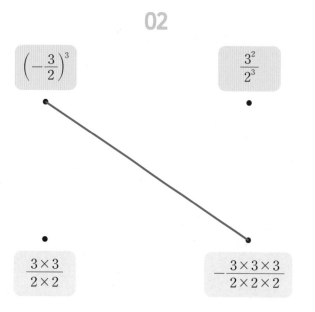

01   02   03

$$\left(-\frac{3}{2}\right)^3$$

$$\frac{3^2}{2^3}$$

$$\left(-\frac{3}{2}\right)^2$$

$$\frac{3\times3}{2\times2}$$

$$-\frac{3\times3\times3}{2\times2\times2}$$

$$\frac{3\times3}{2\times2\times2}$$

▶ 정답 및 해설 42쪽

5-21

방법③ 통째로 약분해서~

거듭제곱끼리 바로 약분할 수도 있어~

$$\left(-\frac{5}{3}\right)^3 \times \left(-\frac{1}{5}\right)^2$$

$$= \left(-\frac{5^3}{3^3}\right) \times \left(+\frac{1^2}{5^2}\right)$$

5가 3번 곱!

$$= -\left(\frac{5^3}{3^3} \times \frac{1^2}{5^2}\right)$$

5로 약분할 수 있겠네~

5가 2번 곱!

5가 두 개 약분되고 5가 한 개 남음!

$$= -\left(\frac{\cancel{5^3}^{5^1}}{3^3} \times \frac{1^2}{\cancel{5^2}_1}\right)$$

$$= -\frac{5}{27}$$

5 두 개를 5 두 개로 나눈 거니까 1이지~ 0이 아니야!

여러 번 약분해야 할 때도 있어!

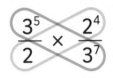

$$\frac{3^5}{2} \times \frac{2^4}{3^7}$$

약분할 때는 분모와 분자를 짝 지어서 보기

$$= \frac{^1 3^5}{_1 2} \times \frac{2^{4^{2^3}}}{3^{7}_{3^2}}$$

$$= \frac{8}{9}$$

▶ 개념 익히기 2

/ 표시하여 분모와 분자를 약분하고, 빈칸에 알맞은 수를 쓰세요.

5-22

01

$$\frac{5^5}{5^2}$$

$$= \frac{\cancel{5}^1 \times \cancel{5}^1 \times 5 \times 5 \times 5}{\cancel{5}_1 \times \cancel{5}_1}$$

$$= \frac{5^{\boxed{3}}}{1}$$

$$= 5^{\boxed{3}}$$

02

$$\frac{5^4}{5^6}$$

$$= \frac{5 \times 5 \times 5 \times 5}{5 \times 5 \times 5 \times 5 \times 5 \times 5}$$

$$= \frac{1}{5^{\boxed{}}}$$

03

$$\frac{5^7}{5^3}$$

$$= \frac{5 \times 5 \times 5 \times 5 \times 5 \times 5 \times 5}{5 \times 5 \times 5}$$

$$= \frac{5^{\boxed{}}}{1}$$

$$= 5^{\boxed{}}$$

▶ 정답 및 해설 43쪽

▶ 개념 다지기 1

약분하여 빈칸에 알맞은 수를 쓰세요.

01 $\dfrac{7^3}{2^3} \times \dfrac{2^2}{7}$

$= \dfrac{\overset{1}{\cancel{7}} \times 7 \times 7}{\underset{1}{\cancel{2}} \times \underset{1}{\cancel{2}} \times 2} \times \dfrac{\overset{1}{\cancel{2}} \times \overset{1}{\cancel{2}}}{\underset{1}{\cancel{7}}}$

$= \dfrac{7^{\boxed{2}}}{2^{\boxed{1}}}$

02 $\dfrac{5^3}{3^2} \times \dfrac{3}{5^2}$

$= \dfrac{5 \times 5 \times 5}{3 \times 3} \times \dfrac{3}{5 \times 5}$

$= \dfrac{5^{\boxed{}}}{3^{\boxed{}}}$

03 $\dfrac{4^4}{23} \times \dfrac{23^2}{4}$

$= \dfrac{4 \times 4 \times 4 \times 4}{23} \times \dfrac{23 \times 23}{4}$

$= 4^{\boxed{}} \times 23^{\boxed{}}$

04 $\dfrac{8^3}{31^2} \times \dfrac{31}{31 \times 8}$

$= \dfrac{8 \times 8 \times 8}{31 \times 31} \times \dfrac{31}{31 \times 8}$

$= \dfrac{8^{\boxed{}}}{31^{\boxed{}}}$

05 $\dfrac{47}{47 \times 9} \times \dfrac{9^3}{47^2}$

$= \dfrac{47}{47 \times 9} \times \dfrac{9 \times 9 \times 9}{47 \times 47}$

$= \dfrac{9^{\boxed{}}}{\boxed{}^{\boxed{}}}$

06 $\dfrac{13^3}{53^3} \times \dfrac{53^2}{13}$

$= \dfrac{13 \times 13 \times 13}{53 \times 53 \times 53} \times \dfrac{53 \times 53}{13}$

$= \dfrac{\boxed{}^{\boxed{}}}{\boxed{}^{\boxed{}}}$

▶ 개념 다지기 2

약분하여 빈칸에 알맞은 수를 쓰세요.

01

$$\frac{\cancel{7}^{1}}{\cancel{5}^{2}_{1}} \times \frac{\cancel{5}^{3}{}^{5^{1}}}{\cancel{7}^{4}_{7^{3}}} = \frac{5^{\boxed{1}}}{7^{\boxed{3}}}$$

02

$$\frac{21^{6}}{10^{4}} \times \frac{10}{21^{2}} = \frac{21^{\square}}{10^{\square}}$$

03

$$\frac{14^{2}}{9^{2}} \times \frac{9^{5}}{14^{3}} = \frac{9^{\square}}{14^{\square}}$$

04

$$\frac{5^{7}}{99^{4}} \times \frac{99}{5^{4}} = \frac{\square^{\square}}{99^{\square}}$$

05

$$\frac{13^{5}}{6^{7}} \times \frac{6^{3}}{13^{2}} = \frac{13^{\square}}{\square^{\square}}$$

06

$$\frac{11^{7}}{50^{17}} \times \frac{50^{10}}{11^{2}} = \frac{\square^{\square}}{\square^{\square}}$$

▶ 개념 마무리 1

○ 안에는 부호를, □ 안에는 수를 알맞게 쓰세요.

01 $\left(-\dfrac{7}{2}\right)^3 \times \dfrac{4}{7}$

$= \left(\bigcirc \dfrac{7^{\boxed{3}}}{2^{\boxed{3}}}\right) \times \dfrac{2^{\boxed{2}}}{7}$

$= \bigcirc \left(\dfrac{7^{\boxed{3}^{\,7^2}}}{2^{\boxed{3}}_{\,2^1}} \times \dfrac{2^{\boxed{2}^{\,1}}}{7_{\,1}}\right)$

$= \bigcirc \dfrac{\boxed{49}}{\boxed{2}}$

02 $\left(\dfrac{5}{3}\right)^5 \times \left(\dfrac{3}{5}\right)^2$

$= \dfrac{5^{\boxed{}}}{3^{\boxed{}}} \times \dfrac{3^{\boxed{}}}{5^{\boxed{}}}$

$= \dfrac{\boxed{}}{\boxed{}}$

03 $\left(\dfrac{11}{4}\right)^4 \times \left(-\dfrac{4}{11}\right)^2$

$= \left(\dfrac{11^{\boxed{}}}{4^{\boxed{}}}\right) \times \left(\bigcirc \dfrac{4^{\boxed{}}}{11^{\boxed{}}}\right)$

$= \bigcirc \left(\dfrac{11^{\boxed{}}}{4^{\boxed{}}} \times \dfrac{4^{\boxed{}}}{11^{\boxed{}}}\right)$

$= \bigcirc \dfrac{\boxed{}}{\boxed{}}$

04 $\dfrac{9}{10} \times \left(-\dfrac{5}{9}\right)^2$

$= \dfrac{9}{10} \times \left(\bigcirc \dfrac{5^{\boxed{}}}{9^{\boxed{}}}\right)$

$= \bigcirc \left(\dfrac{9}{2 \times \boxed{}} \times \dfrac{5^{\boxed{}}}{9^{\boxed{}}}\right)$

$= \bigcirc \dfrac{\boxed{}}{\boxed{}}$

05 $-\dfrac{6^3}{7^2} \times \left(-\dfrac{7}{6}\right)^4$

$= \left(-\dfrac{6^3}{7^2}\right) \times \left(\bigcirc \dfrac{7^{\boxed{}}}{6^{\boxed{}}}\right)$

$= \bigcirc \left(\dfrac{6^3}{7^2} \times \dfrac{7^{\boxed{}}}{6^{\boxed{}}}\right)$

$= \bigcirc \dfrac{\boxed{}}{\boxed{}}$

06 $\left(-\dfrac{2}{3}\right)^3 \times \dfrac{9}{4}$

$= \left(\bigcirc \dfrac{2^{\boxed{}}}{3^{\boxed{}}}\right) \times \dfrac{3^{\boxed{}}}{2^{\boxed{}}}$

$= \bigcirc \left(\dfrac{2^{\boxed{}}}{3^{\boxed{}}} \times \dfrac{3^{\boxed{}}}{2^{\boxed{}}}\right)$

$= \bigcirc \dfrac{\boxed{}}{\boxed{}}$

▶ 정답 및 해설 46쪽

▶ 개념 마무리 2

계산해 보세요.

01 $\dfrac{2^{97}}{5} \times \left(-\dfrac{1}{2}\right)^{95}$

$= \dfrac{2^{97}}{5} \times \left(-\dfrac{1}{2^{95}}\right)$

$= -\left(\dfrac{2^{97}}{5} \times \dfrac{1}{2^{95}}\right)$

$= -\dfrac{2^2}{5}$

$= -\dfrac{4}{5}$ 답: $-\dfrac{4}{5}$

02 $\left(-\dfrac{3}{8}\right)^{24} \times \left(-\dfrac{8^{23}}{3^{25}}\right)$

03 $\left(-\dfrac{9}{11}\right)^{7} \times \dfrac{11^8}{9^6}$

04 $\left(-\dfrac{4^{100}}{17^{99}}\right) \times \left(-\dfrac{17}{4}\right)^{98}$

05 $\dfrac{7^2}{6^{56}} \times \left(-\dfrac{6^{55}}{70}\right)$

06 $\left(-\dfrac{5^3}{12^{12}}\right) \times \dfrac{12^{10}}{25}$

문제▶ **직사각형의 전체 넓이는?**

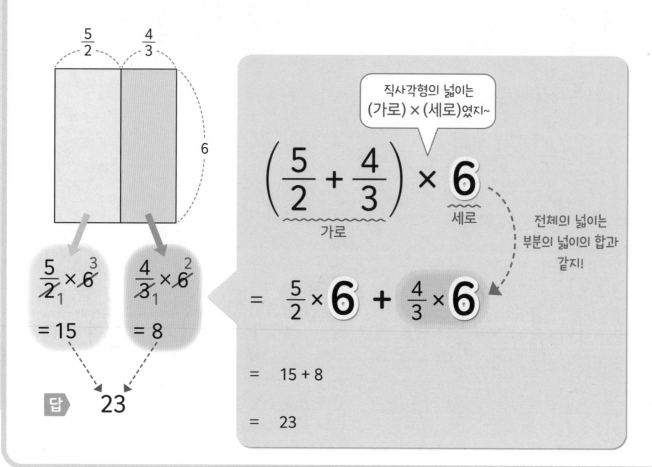

직사각형의 넓이는
(가로) × (세로)였지~

$$\left(\frac{5}{2} + \frac{4}{3}\right) \times 6$$

가로   세로

전체의 넓이는
부분의 넓이의 합과
같지!

$$= \frac{5}{2} \times 6 + \frac{4}{3} \times 6$$

$$= 15 + 8$$

$$= 23$$

$\frac{5}{2} \times 6 = 15$

$\frac{4}{3} \times 6 = 8$

답 **23**

▶ **개념 익히기 1**

빈칸에 알맞은 수를 쓰세요.

01

□의 넓이   □의 넓이   □의 넓이

$$\frac{5}{2} \times \boxed{2} \quad + \quad \frac{3}{2} \times \boxed{2} \quad = \quad \left(\frac{5}{2} + \frac{3}{2}\right) \times \boxed{2}$$

02

□의 넓이   □의 넓이   □의 넓이

$$\boxed{} \times \frac{1}{6} \quad + \quad \boxed{} \times \frac{2}{3} \quad = \quad \boxed{} \times \left(\frac{1}{6} + \frac{2}{3}\right)$$

03

□의 넓이   □의 넓이   □의 넓이

$$\frac{3}{2} \times \boxed{} \quad + \quad \frac{11}{3} \times \boxed{} \quad = \quad \left(\frac{3}{2} + \frac{11}{3}\right) \times \boxed{}$$

▶ 정답 및 해설 47쪽

분배법칙
나눠준다는 뜻

> (괄호) **앞에 곱해져도** 분배법칙을 쓸 수 있지~

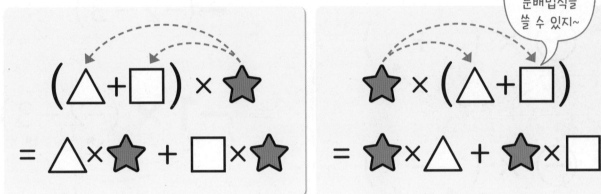

$(\triangle + \square) \times \bigstar$

$= \triangle \times \bigstar + \square \times \bigstar$

$\bigstar \times (\triangle + \square)$

$= \bigstar \times \triangle + \bigstar \times \square$

예

> (괄호) 안이 **뺄셈식이어도** 분배법칙이 성립해!

$\left(7 - \dfrac{5}{8}\right) \times 8$

$= 7 \times 8 - \dfrac{5}{8} \times 8$

$= 56 - 5$

$= 51$

예

$4 \times \left(-\dfrac{3}{4} + 3\right)$

$= 4 \times \left(-\dfrac{3}{4}\right) + 4 \times 3$

$= -3 + 12$

$= 9$

▶ 개념 익히기 2

분배법칙을 나타낸 식입니다. 빈칸에 알맞은 수를 쓰세요.

01

$\left(11 + \dfrac{5}{2}\right) \times 8$

$= 11 \times \boxed{8} + \dfrac{5}{2} \times \boxed{8}$

02

$13 \times \left(\dfrac{2}{13} + 4\right)$

$= 13 \times \boxed{} + 13 \times \square$

03

$(19 - 3.5) \times 7$

$= 19 \times \square - 3.5 \times \square$

분배법칙에서

$$\ominus \times (\ +\ )$$

$$\ominus \times (\ -\ )$$

음수를 곱할 때는
부호에 주의!

괄호 앞의 −는
−1과의 곱을 의미!

$$-(-2-3)$$

$$= -1 \times (-2-3)$$

−1×(　)는
각각에 부호 반대

$$= +2 + 3$$

$$= 5$$

▶ 개념 익히기 1

주어진 식을 분배법칙을 이용하여 바르게 나타낸 것에 V표 하세요.

01

$$-1 \times (\triangle - ☆)$$

$-\triangle + ☆$ ☑

$\triangle + ☆$ ☐

02

$$-(-A+6)$$

$-A+6$ ☐

$+A-6$ ☐

03

$$(정 - 수) \times (-1)$$

$-정 - 수$ ☐

$-정 + 수$ ☐

▶ 정답 및 해설 47쪽 5-44

$$-4 \times \left(\frac{1}{8} - 2\right)$$

$$= -1 \times 4 \times \left(\frac{1}{8} - 2\right)$$

$$= -1 \times \left\{ 4 \times \left(\frac{1}{8} - 2\right) \right\}$$

$$= -1 \times \left(4 \times \frac{1}{8} - 4 \times 2 \right)$$

$$= -4 \times \frac{1}{8} + 4 \times 2$$

$$= -\frac{1}{2} + 8$$

$$= \frac{15}{2}$$

분배법칙에서 주의할 것

❶ 음수를 곱할 때는 −를 떼고 곱하고,
   곱해진 덩어리의 부호를 반대로!

$$-4 \times \left(\frac{1}{8} - 2\right)$$

$$= -4 \times \frac{1}{8} + 4 \times 2$$

❷ −가 붙은 괄호에 무언가를
   곱할 때는, 분배를 2번 하기

$$5 - \left(3 - \frac{3}{2}\right) \times 6$$
①번

$$= 5 - \left(3 \times 6 - \frac{3}{2} \times 6\right)$$
②번

> 괄호 먼저 계산해도 돼!

$$= 5 - 3 \times 6 + \frac{3}{2} \times 6$$

▶ 개념 익히기 2

○ 안에 알맞은 부호를 쓰세요.

01

$$(-㉠ + ㉡) \times (-5)$$
$$= \boxed{+} ㉠ \times 5 \boxed{-} ㉡ \times 5$$

02

$$-3 \times (A + B)$$
$$= \bigcirc 3 \times A \bigcirc 3 \times B$$

03

$$-(♡ + ☆) \times 8$$
$$= \bigcirc (♡ \times 8 \bigcirc ☆ \times 8)$$
$$= \bigcirc ♡ \times 8 \bigcirc ☆ \times 8$$

▶ 개념 다지기 1

분배법칙을 나타내는 선을 긋고, ◯ 안에 알맞은 기호를 쓰세요.

01

$$(\triangle - \blacksquare) \times \bigstar$$
$$= \triangle \otimes \bigstar \ominus \blacksquare \otimes \bigstar$$

02

$$(\diamondsuit + \star) \times \spadesuit$$
$$= \diamondsuit \bigcirc \spadesuit \bigcirc \star \bigcirc \spadesuit$$

03

$$\clubsuit \times (\square - \heartsuit)$$
$$= \clubsuit \bigcirc \square \bigcirc \clubsuit \bigcirc \heartsuit$$

04

$$\left(\frac{2}{11} - 17 \right) \times 11$$
$$= \frac{2}{11} \bigcirc 11 \bigcirc 17 \bigcirc 11$$

05

$$-7 \times \left(\frac{5}{21} + \frac{9}{14} \right)$$
$$= \bigcirc 7 \bigcirc \frac{5}{21} \bigcirc 7 \bigcirc \frac{9}{14}$$

06

$$\left(36 - \frac{24}{5} \right) \times \left(-\frac{5}{12} \right)$$
$$= \bigcirc 36 \bigcirc \frac{5}{12} \bigcirc \frac{24}{5} \bigcirc \frac{5}{12}$$

▶ 개념 다지기 2

분배법칙을 이용하여 빈칸에 알맞은 수를 쓰세요.

01
$$(20 - 4) \times 5$$
$$= \boxed{20} \times \boxed{5} - \boxed{4} \times \boxed{5}$$

02
$$4 \times (25 + 10)$$
$$= \boxed{} \times \boxed{} + \boxed{} \times \boxed{}$$

03
$$-30 \times \left(\frac{1}{3} - \frac{7}{5} \right)$$
$$= -30 \times \boxed{} + \boxed{} \times \frac{7}{5}$$

04
$$\left(-\frac{1}{4} + \frac{1}{5} \right) \times (-20)$$
$$= \boxed{} \times 20 - \boxed{} \times \boxed{}$$

05
$$(-125 + 3) \times \boxed{}$$
$$= \boxed{} \times 8 + \boxed{} \times 8$$

06
$$\boxed{} \times (100 - 2)$$
$$= \boxed{} \times 100 + 12 \times \boxed{}$$

▶ 정답 및 해설 49쪽

▶ 개념 마무리 1

분배법칙을 이용하여 계산해 보세요.

01 $16 \times \left\{ \dfrac{1}{4} + \left(-\dfrac{3}{2} \right) \right\}$

$= 16 \times \left(\dfrac{1}{4} - \dfrac{3}{2} \right)$

$= \overset{4}{16} \times \dfrac{1}{\underset{1}{4}} - \overset{8}{16} \times \dfrac{3}{\underset{1}{2}}$

$= 4 - 24$

$= -20$

답: -20

02 $\left(\dfrac{1}{2} + \dfrac{4}{5} \right) \times 10$

03 $24 \times (1000 + 10)$

04 $(-70) \times \left(3 - \dfrac{6}{7} \right)$

05 $\left(1000 + \dfrac{2}{3} \right) \times \left(-\dfrac{9}{2} \right)$

06 $-\left\{ 1.4 + \left(-\dfrac{7}{20} \right) \right\} \times 100$

▶ 정답 및 해설 50쪽

▶ 개념 마무리 2

주어진 식의 값을 보고, 분배법칙을 이용하여 계산해 보세요.

01

$$\square \times \heartsuit = 9, \quad \triangle \times \heartsuit = 1$$

$$(\triangle - \square) \times \heartsuit = -8$$

$$\rightarrow \underset{=1}{\underline{\triangle \times \heartsuit}} - \underset{=9}{\underline{\square \times \heartsuit}}$$

$$= 1 - 9$$

$$= -8$$

02

$$\bigcirc \times \bigcirc = 12, \quad \bigcirc \times \bigcirc = 6$$

$$(\bigcirc + \bigcirc) \times \bigcirc =$$

03

$$① \times ② = -10, \quad ① \times ③ = 4$$

$$① \times (③ - ②) =$$

04

$$A \times (B + C) = 30, \quad A \times B = 14$$

$$A \times C =$$

05

$$㉠ \times (㉡ - ㉢) = 6, \quad ㉠ \times ㉢ = 3$$

$$㉠ \times ㉡ =$$

06

$$(㉮ - ㉯) \times ㉰ = 20, \quad ㉯ \times ㉰ = -17$$

$$㉮ \times ㉰ =$$

( )로 묶는 것도 **분배법칙!**

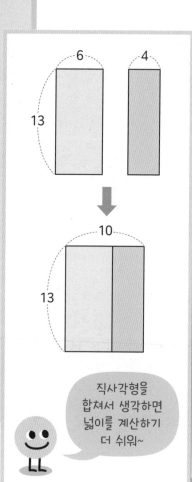

직사각형을 합쳐서 생각하면 넓이를 계산하기 더 쉬워~

$$13 \times 6 + 13 \times 4$$

각각에 곱해진 13을 뽑아서,

$$= 13 \times (6 + 4)$$

한방에 곱하기!

$$= 13 \times 10$$

$$= 130$$

각각에 곱하는 것도 분배법칙

각각에 곱해진 걸 뽑아서 **한방에 곱하는 것도 분배법칙**

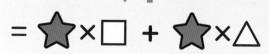

▶ 개념 익히기 1

빈칸에 알맞은 수를 쓰세요.

01

$$3 \times (-5) + 3 \times 15$$

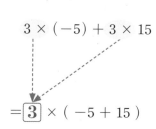

$$= \boxed{3} \times (-5 + 15)$$

02

$$(-2) \times 10 + (-2) \times 36$$

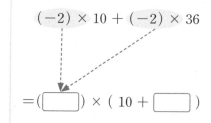

$$= (\boxed{}) \times (10 + \boxed{})$$

03

$$(-12) \times 4 + 2 \times 4$$

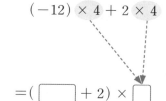

$$= (\boxed{} + 2) \times \boxed{}$$

▶ 정답 및 해설 51쪽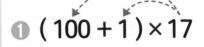

분배법칙을 쓸 수 없는 경우

$$12 \times \left(\frac{2}{3} \times \frac{1}{4} \right)$$

'수 × (괄호)'처럼 생겼지만 그냥 **세 수의 곱**이야~

$$12 \times \left(\frac{2}{3} + \frac{1}{4} \right)$$

괄호 안이 덧셈이나 뺄셈일 때만 분배법칙을 쓸 수 있어!

$$= \overset{1}{\cancel{12}} \times \frac{2}{\cancel{3}_1} \times \frac{1}{\cancel{4}_1}$$

$$= 2$$

$$10 \times 2 \times 10 \times 3$$

10이 2번 곱해졌지만 그냥 **네 수의 곱셈!**

$$10 \times 2 - 10 \times 3$$

같은 수가 곱해진 식이 +나 −로 연결되어야 분배법칙을 쓸 수 있어!

$$= 10 \times 10 \times 2 \times 3$$

$$= 600$$

분배법칙 꿀팁!

❶ $(100 + 1) \times 17$

$$= 100 \times 17 + 1 \times 17$$

$$= 1700 + 17$$

$$= 1717$$

이럴 땐, 각각에 곱하는 게 더 간단~

❷ $(3 + 1) \times 4$

$$= 4 \times 4$$

$$= 16$$

이럴 땐, 한방에 곱하는 게 더 간단~

▶ 개념 익히기 2

계산 과정이 옳은 것에 ○표 하세요.

01

$$6 \times \left(\frac{1}{2} + \frac{1}{3} \right)$$
$$= 6 \times \frac{1}{2} + 6 \times \frac{1}{3}$$

(◯)

$$6 + \left(\frac{1}{2} \times \frac{1}{3} \right)$$
$$= 6 + \frac{1}{2} \times 6 + \frac{1}{3}$$

( )

02

$$10 - (3 \times 14)$$
$$= 10 - 3 \times 10 - 14$$

( )

$$10 \times (3 - 14)$$
$$= 10 \times 3 - 10 \times 14$$

( )

03

$$20 \times \left(0.5 \times \frac{1}{3} \right)$$
$$= 20 \times 0.5 \times 20 \times \frac{1}{3}$$

( )

$$20 \times \left(0.5 + \frac{1}{3} \right)$$
$$= 20 \times 0.5 + 20 \times \frac{1}{3}$$

( )

▶ 개념 다지기 1

분배법칙을 쓸 수 있는 식에 V표 하고, 공통인 부분에 ○표 하세요.

01 $13 \times 20 \times 13 \times 40$ ☐

        $15 \times 20 - 17 \times 20$ ☑

02 $20 \times 4 + 2 \times 40$ ☐

        $89 \times 2 + 11 \times 2$ ☐

03 $18 \times 12 \times 18 + 10$ ☐

        $18 \times 12 + 18 \times 10$ ☐

04 $7 \times 8 - 17 \times 8$ ☐

        $45 \times 20 + 55 \times 21$ ☐

05 $(-3) \times 13 - (-3) \times 12$ ☐

        $32 \times 10 \times 18 \times 10$ ☐

06 $50 \times 5 \div 6 \times 5$ ☐

        $5 \times (-7) + 55 \times (-7)$ ☐

▶ 개념 다지기 2

분배법칙을 이용하여 계산해 보세요.

01
$45 \times (-2.1) + 55 \times (-2.1)$
공통 ~~~ 공통

$= (45 + 55) \times (-2.1)$

$= 100 \times (-2.1)$

$= -210$

답: -210

02 $5 \times 3.4 + 5 \times 2.6$

03 $(-7) \times 95 + (-7) \times 5$

04 $50 \times 5.9 - 50 \times 2.9$

05 $1.3 \times 102 - 1.3 \times 2$

06 $1.9 \times (-12) + (-3.9) \times (-12)$

▶ 정답 및 해설 53쪽

5-37

▶ 개념 마무리 1

분배법칙을 이용하여 계산하려고 합니다. 빈칸을 알맞게 채우고, 계산해 보세요.

01 7×1999

$$= 7 \times (\boxed{2000} - \boxed{1})$$
$$= \boxed{} - \boxed{}$$
$$= \boxed{}$$

02 11×102

$$= 11 \times (\boxed{} + \boxed{})$$
$$= \boxed{} + \boxed{}$$
$$= \boxed{}$$

03 303×14

$$= (\boxed{} + \boxed{}) \times 14$$
$$= \boxed{} + \boxed{}$$
$$= \boxed{}$$

04 9994×5

$$= (\boxed{} - \boxed{}) \times 5$$
$$= \boxed{} - \boxed{}$$
$$= \boxed{}$$

05 101×39

06 16×998

▶ 개념 마무리 2

계산해 보세요.

01 $\left\{\dfrac{1}{5}+\left(-\dfrac{2}{9}\right)\right\}\times45+15$

$=\left(\dfrac{1}{5}-\dfrac{2}{9}\right)\times45+15$

$=\dfrac{1}{\cancel{5}_1}\times\overset{9}{\cancel{45}}-\dfrac{2}{\cancel{9}_1}\times\overset{5}{\cancel{45}}+15$

$=9-10+15$

$=14$

답: 14

02 $(-1)^{1001}+18\times\left(\dfrac{1}{2}-\dfrac{5}{9}\right)$

03 $\dfrac{3}{2}\times\left\{-\dfrac{8}{3}+(-2)^3\right\}$

04 $8-\left(\dfrac{1}{8}-2\right)\times(-4)^2$

05 $24\times\left\{\left(-\dfrac{1}{2}\right)^2+\dfrac{5}{3}\right\}-17$

06 $\left(\dfrac{1}{2^2}-0.05\right)\times(-20)-(-10)$

01 다음 중 3^4과 같은 수는?

① 6   ② 12

③ 9   ④ 27

⑤ 81

02 곱셈식 $(-6) \times (-6) \times (-6)$을 거듭제곱으로 바르게 나타낸 것은?

① 6^3 ② $(-6)^3$

③ 6^{-3} ④ $(-6) \times 3$

⑤ $(-3)^6$

03 5^4에 대한 설명으로 옳지 <u>않은</u> 것은?

① 밑은 5입니다.

② 지수는 4입니다.

③ 5의 네제곱이라고 읽습니다.

④ 5를 네 번 곱한 수입니다.

⑤ 4^5과 같은 수입니다.

04 ○ 안에는 부호를, □ 안에는 수를 알맞게 쓰시오.

$$\left(-\frac{2}{3}\right)^{\square} = \bigcirc \frac{8}{\square}$$

05 다음 계산 과정에서 (가), (나)에 이용된 계산법칙을 쓰시오.

$$
\begin{aligned}
& (-9) \times 48 + 52 \times (-9) \quad \text{(가)} \\
&= (-9) \times 48 + (-9) \times 52 \quad \text{(나)} \\
&= (-9) \times (48 + 52) \\
&= (-9) \times 100 \\
&= -900
\end{aligned}
$$

(가): _____

(나): _____

06 거듭제곱을 바르게 계산한 것은?

① $(-5)^2 = -25$　　② $-(+2)^6 = 6^2$

③ $\dfrac{8}{(-3)^2} = \dfrac{8}{9}$　　④ $\dfrac{7^2}{2} = \dfrac{49}{4}$

⑤ $\left(-\dfrac{1}{4}\right)^3 = \dfrac{1}{64}$

07 다음을 계산하시오.

$$\left(315 - \dfrac{12}{5}\right) \times \dfrac{5}{3}$$

08 직사각형의 가로가 $\left(\dfrac{5}{2}\right)^4$ cm, 세로가 $\dfrac{2^2}{25}$ cm 일 때, 직사각형의 넓이는 몇 cm²인지 구하시오.

09 다음 중 계산 결과가 다른 하나는?

① $(-1)^{9999}$

② -1^1

③ $-(-1) \times (-1)$

④ $1^{111} \times (-1)^{110}$

⑤ $-(-1)^3 \times (-1)^4 \times (-1)^5$

10 다음 중 계산 결과가 $\dfrac{4^2}{7}$인 것은?

① $\dfrac{4}{7 \times 7} \times \dfrac{7}{4 \times 4 \times 4}$

② $\dfrac{4 \times 4 \times 4}{7} \times \dfrac{4}{7 \times 7}$

③ $\left(\dfrac{4}{7}\right)^2 \times \dfrac{7}{4}$

④ $\dfrac{4^4}{7} \times \left(-\dfrac{7}{4}\right)^2$

⑤ $\dfrac{4 \times 4 \times 4}{7^4} \times \dfrac{7^3}{4}$

11 분배법칙을 이용하여 나타낸 식으로 옳지 <u>않은</u> 것은?

① $(\triangle - \bigcirc) \times ☆ = \triangle \times \bigcirc - \bigcirc \times ☆$

② $A \times (-B + C) = A \times (-B) + A \times C$

③ $♤ \times (♡ - ◇) = ♤ \times ♡ - ♤ \times ◇$

④ $㉠ \times (㉡ + ㉢) = ㉠ \times ㉡ + ㉠ \times ㉢$

⑤ $(\square + ♣) \times ♡ = \square \times ♡ + ♣ \times ♡$

12 다음 식을 보고 계산 순서대로 기호를 쓰시오.

$$12 - \left\{ -\frac{1}{3} \times \left(\frac{3}{2} \right)^2 + \frac{5}{4} \right\} \times (-4)$$

㉠   ㉡ ㉢ ㉣   ㉤

13 분배법칙을 이용하여 $2.8 \times 12.5 + 7.2 \times 12.5$ 를 계산하시오.

14 다음 설명 중 옳지 <u>않은</u> 것은?

① 음수의 네제곱은 양수입니다.

② -5^3은 부호는 그대로이고, 5만 3번 곱한다는 뜻입니다.

③ 거듭제곱이 있는 식을 계산할 때, 거듭제곱을 가장 먼저 계산합니다.

④ n이 홀수일 때, $(-2)^n = -2^n$입니다.

⑤ 괄호로 묶인 뺄셈식에 어떤 수를 곱할 때에는 분배법칙을 쓸 수 없습니다.

15 다음을 계산하시오.

$$20 \times \left(\frac{3}{4} \times \frac{2}{5} \right) + 10 \times \left(-0.2 + \frac{3}{10} \right)$$

16 다음을 계산하시오.

$$-(-2)^3 \times \left(-\frac{5}{2}\right)^2 \times \frac{1}{3^3} \times \frac{(-3)^2}{5}$$

17 ㉢×㉠=-12, (㉡-㉠)×㉢=30일 때, ㉡×㉢의 값을 구하시오.

18 $a<0$, $b<0$일 때, 다음 식의 부호를 부등호로 바르게 나타낸 것은?

① $-a^2>0$ ② $a \times b<0$

③ $a^2+b^2<0$ ④ $-(-b)^4<0$

⑤ $a^9-b^{10}>0$

19 다음 중에서 가장 큰 수와 가장 작은 수의 곱이 -2^a일 때, 상수 a의 값을 구하시오.

$$32 \qquad -(-2)^3 \qquad \frac{1}{2^4} \qquad \left(-\frac{1}{2}\right)^3 \qquad 4^2$$

20 $(-1)+(-1)^2+(-1)^3+(-1)^4+\cdots+(-1)^{999}+(-1)^{1000}$을 계산하시오.

21 어떤 수에 $\frac{1}{2}$을 곱해야 할 것을 잘못 보고 더했더니 $\frac{13}{8}$이 되었습니다. 바르게 계산한 값이 $\left(\dfrac{a}{b}\right)^2$일 때, 자연수 a와 b의 합을 구하시오. (단, a와 b의 공약수는 1뿐입니다.)

풀이

22 다음을 계산하시오.

$$\left(-\frac{2}{7}\right)^2 \times \left[9 \times \left\{(-2)^2 - \frac{5}{3}\right\} + 7\right]$$

풀이

23 서로 다른 음의 정수가 3개 있습니다. 이 세 수의 곱이 -12이고, 한 수의 절댓값이 3일 때, 세 정수의 합을 구하시오.

풀이

분배법칙으로 보는 (음수) × (음수)

$$(-3) \times 0 = 0$$

1 + (−1) = 0이니까,
0 대신에
1 + (−1) 쓰기

$$(-3) \times \{ 1 + (-1) \} = 0$$

분배법칙!

$$(-3) \times 1 + (-3) \times (-1) = 0$$

1을 곱하면
−3 그대로~

이것을
□라고 하자!

$$(-3) + \boxed{} = 0$$

$$\boxed{} = +3$$

$$(-3) \times (-1) = +3$$

이렇게
$\ominus \times \ominus \rightarrow \oplus$
인 것을 다시
확인할 수 있지!

6 유리수의 나눗셈

$$4 \div (-2) = ?$$

음수**로** 나누기

$$(-4) \div 2 = ?$$

음수**를** 나누기

$$(-4) \div (-2) = ?$$

음수**를** 음수**로** 나누기

이번 단원에서는 음수가 있는 나눗셈을
계산하는 방법에 대해 알아볼 거예요.
그 전에 자연수의 나눗셈을
어떻게 계산했었는지 살펴볼까요?

1 음수가 있는 나눗셈

자연수의 나눗셈

$$20 \div 4 = ?$$

곱한 것이

맨 앞의 수!

$$4 \times ? = 20$$

$$? = 5$$

자연수의 나눗셈은 곱셈식으로 바꿔서 계산했었지!

▶ **개념 익히기 1**

나눗셈식을 곱셈식으로 쓸 때, 곱해지는 두 수에 ○표 하세요.

01

□ ÷ △ = ♡

02

㉮ ÷ ㉯ = ㉰

03

C = A ÷ B

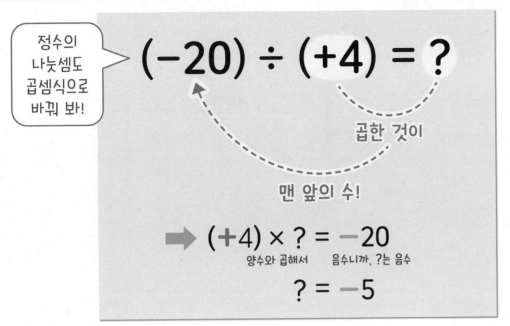

정수의 나눗셈도 곱셈식으로 바꿔 봐!

$(-20) \div (+4) = ?$

곱한 것이

맨 앞의 수!

➡ $(+4) \times ? = -20$
양수와 곱해서　음수니까, ?는 음수

$? = -5$

$(+20) \div (+4) = ?$

➡ $(+4) \times ? = +20$

$+5$

$(+20) \div (-4) = ?$

➡ $(-4) \times ? = +20$

-5

$(-20) \div (-4) = ?$

➡ $(-4) \times ? = -20$

$+5$

▶ 개념 익히기 2

○ 안에 알맞은 부호를 쓰세요.

01

$(+) \div (-) ➡ (-)$

곱해서

02

$(\bigcirc) \div (-) ➡ (+)$

곱해서

03

$(-) \div (+) ➡ (\bigcirc)$

곱해서

▶정답 및 해설 61쪽

▶ 개념 다지기 1

나눗셈식을 곱셈식으로 쓰세요.

01 $A \div B = C$

➡ $B \times C = A$

02 $(-54) \div (+6) = -9$

➡

03 $(-35) \div 7 = -5$

➡

04 $\bigcirc \div \bigcirc = \bigcirc$

➡

05 $(-30) \div (-5) = 6$

➡

06 $\textcircled{P} \div \textcircled{Q} = \textcircled{R}$

➡

▶ 개념 다지기 2

○ 안에 알맞은 부호를 쓰세요.

01 $20 \div (-4) = \ominus 5$

곱해서

02 $(+40) \div (\bigcirc 5) = +8$

곱해서

03 $(-16) \div (+2) = \bigcirc 8$

곱해서

04 $36 \div (\bigcirc 9) = -4$

곱해서

05 $(-18) \div (-6) = \bigcirc 3$

06 $(\bigcirc 42) \div (+7) = -6$

▶ 개념 마무리 1

계산해 보세요.

01 $27 \div (-3) = \mathbf{-9}$

02 $(-64) \div (-8)$

03 $(+56) \div (-7)$

04 $(-12) \div (-6)$

05 $(-28) \div (+7)$

06 $(-21) \div (-3)$

▶정답 및 해설 62쪽

▶ 개념 마무리 2

?에 알맞은 수를 구하세요.

01 $\boxed{?} \div (-3) = +6$

$\rightarrow (-3) \times (+6) = \boxed{?}$

$\boxed{?} = -18$

답: -18

02 $(+24) \div \boxed{?} = +8$

03 $\boxed{?} \div (-8) = -2$

04 $(+5) \times \boxed{?} = -45$

05 $\boxed{?} \times (-9) = -72$

06 $(+15) \div \boxed{?} = -5$

$$(-2) \div (+3)$$

나누어떨어지지 않는
나눗셈은
몫을 분수 모양으로
쓰는 거였지~

$$1 \div 4 = \frac{1}{4}$$

$\frac{1}{4}$

$$3 \div 4 = \frac{3}{4}$$

$\frac{1}{4}$
$\frac{1}{4}$
$\frac{1}{4}$

➡ $\triangle \div \square = \dfrac{\triangle}{\square}$

분수로
쓰기!

몫 찾기

$$(-2) \div (+3) = ?$$
곱하기로!

$$(+3) \times ? = -2$$

양수와 곱한 것이 음수니까,

?는 음수!

몫의 부호가 정해졌으니,
나눗셈식으로 다시 돌아가서
부호를 빼고 생각하면

$$2 \div 3 = \frac{2}{3}$$

따라서,

➡ $? = -(2 \div 3)$

　　$= -\dfrac{2}{3}$

$$\frac{-2}{+3} = -\frac{2}{3}$$

▶ **개념 익히기 1**

빈칸을 알맞게 채우세요.

01

$(-18) \div (+7)$

$= \dfrac{\boxed{-18}}{+7}$

02

$(+3) \div (-10)$

$= \dfrac{\boxed{}}{-10}$

03

$(-11) \div (+2)$

$= \dfrac{-11}{\boxed{}}$

$(+2) \div (-3)$

분수로
쓰기!

$(+2) \div (-3) = ?$

$(-3) \times ? = +2$
음수와 곱한 것이
양수니까, ?는 음수!

$? = -(2 \div 3)$

$\quad = -\dfrac{2}{3}$

$$\dfrac{+2}{-3} = -\dfrac{2}{3}$$

$$\dfrac{-2}{3} = \dfrac{2}{-3} = -\dfrac{2}{3}$$

분자에만
⊖가
있거나,

분모에만
⊖가
있으면,

그냥
음수야!

▶ **개념 익히기 2**

주어진 수와 같은 수에 모두 ○표 하세요.

01

$-\dfrac{2}{3}$ 　　 $\boxed{\dfrac{-2}{3}}$ 　　 $\dfrac{2}{3}$ 　　 $\boxed{\dfrac{2}{-3}}$

02

$-\dfrac{4}{5}$ 　　 $\dfrac{-4}{+5}$ 　　 $\dfrac{+4}{-5}$ 　　 $\dfrac{+5}{-4}$

03

$-\dfrac{1}{7}$ 　　 $\dfrac{7}{-1}$ 　　 $\dfrac{-1}{+7}$ 　　 $\dfrac{1}{-7}$

$(-2) \div (-3)$

분수로
쓰기!

$(-2) \div (-3) = ?$

$(-3) \times ? = -2$

음수와 곱한 것이
음수니까, ?는 양수!

$? = +(2 \div 3)$

$= +\dfrac{2}{3}$

$\dfrac{-2}{-3} = +\dfrac{2}{3}$

$\dfrac{-2}{-3}$

분모, 분자의
부호가
같지!

$=$

$\dfrac{+2}{+3}$

분모, 분자의
부호가
같으면~

$=$

$+\dfrac{2}{3}$

양수야!

$(+2) \div (+3)$

$\dfrac{+2}{+3} = +\dfrac{2}{3}$

▶ 개념 익히기 1

다른 것 하나를 찾아 △표 하세요.

01

$-\dfrac{6}{7}$ $\dfrac{-6}{+7}$

$\triangle\dfrac{+6}{+7}$ $\dfrac{+6}{-7}$

02

$\dfrac{4}{9}$ $\dfrac{-4}{-9}$

$\dfrac{+4}{+9}$ $\dfrac{-4}{+9}$

03

$\dfrac{-10}{+11}$ $\dfrac{-10}{-11}$

$-\dfrac{10}{11}$ $\dfrac{+10}{-11}$

(정수) ÷ (정수) =  절댓값을 **나눈 값**

정수의 나눗셈은,
두 수의 절댓값을 나눈 값에
부호만 잘 붙이면 돼!

곱셈이랑
같은 방법으로
부호를 정하네~

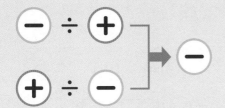

예 $(+24) \div (-8)$
$= -(24 \div 8)$
$= -3$

예 $(-15) \div (-3)$
$= +(15 \div 3)$
$= +5$

▶ 개념 익히기 2

계산 결과의 부호에 알맞게 선으로 이으세요.

01 $(-22) \div (+3)$ •

$\cdot \, \oplus$

02 $(+15) \div (+14)$ •

$\ominus$

03 $(-10) \div (+17)$ •

▶ 정답 및 해설 63쪽

▶ 개념 다지기 1

빈칸을 알맞게 채워서 계산해 보세요.

01 $(-42) \div (+3)$

$= \ominus (\boxed{42} \div \boxed{3})$

$= \bigcirc \boxed{}$

02 $(+108) \div (+9)$

$= \bigcirc (\boxed{} \div \boxed{})$

$= \bigcirc \boxed{}$

03 $(-51) \div (-17)$

$= \bigcirc (\boxed{} \div \boxed{})$

$= \bigcirc \boxed{}$

04 $(-100) \div (+4)$

$= \bigcirc (\boxed{} \div \boxed{})$

$= \bigcirc \boxed{}$

05 $(+5) \div (-9)$

$= \bigcirc (\boxed{} \div \boxed{})$

$= \bigcirc \dfrac{\boxed{}}{\boxed{}}$

06 $(-25) \div (-11)$

$= \bigcirc (\boxed{} \div \boxed{})$

$= \bigcirc \dfrac{\boxed{}}{\boxed{}}$

▶ 정답 및 해설 63쪽

▶ 개념 다지기 2

○ 안에 >, =, <를 알맞게 쓰세요.

01 $\dfrac{+31}{-10}$ ⃝< 0

$\parallel$

$-\dfrac{31}{10}$

02 $(-13) \div (+4)$ ⃝ 0

03 $(-7) \div (-5)$ ⃝ 0

04 $\dfrac{-1}{+12}$ ⃝ 0

05 $\dfrac{-19}{9}$ ⃝ 0

06 $\dfrac{-9}{-8}$ ⃝ 0

▶ 개념 마무리 1

주어진 식 중에서 부호가 다른 하나를 찾아 V표 하세요.

01　$(-5) \div 8$　☐

$5 \div 8$　☑

$\dfrac{-5}{8}$　☐

02　$2 \div (-3)$　☐

$(-2) \div (-3)$　☐

$-\dfrac{2}{3}$　☐

03　$(-16) \div (-7)$　☐

$\dfrac{+7}{-16}$　☐

$\dfrac{-16}{+7}$　☐

04　$(-23) \div (+4)$　☐

$\dfrac{-23}{+4}$　☐

$4 \div 23$　☐

05　$\dfrac{+19}{-7}$　☐

$(-7) \div (-19)$　☐

$-(19 \div 7)$　☐

$(+19) \div (-7)$　☐

06　$\dfrac{-15}{29}$　☐

$\dfrac{29}{-15}$　☐

$-(29 \div 15)$　☐

$(-15) \div (-29)$　☐

▶ 개념 마무리 2

계산해 보세요.

01 $\left(\dfrac{5}{-2}\right) + \dfrac{3}{2}$

$= \left(-\dfrac{5}{2}\right) + \dfrac{3}{2}$

$= -\dfrac{2}{2}$

$= -1$

답: -1

02 $\left(\dfrac{-1}{+6}\right) + \left(\dfrac{-1}{+3}\right)$

03 $\left(\dfrac{-3}{+20}\right) \times \left(\dfrac{10}{-9}\right)$

04 $\left(\dfrac{-7}{+18}\right) \times \left(\dfrac{-9}{-49}\right)$

05 $\left(\dfrac{-3}{4}\right) - \left(\dfrac{-1}{8}\right)$

06 $\left(\dfrac{1}{-10}\right) - \left(\dfrac{+6}{-5}\right)$

4 유리수의 나눗셈

÷는 ✕로 **바꿔서** 계산하기

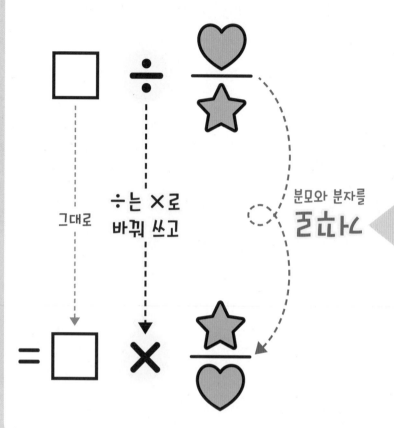

그대로

÷는 ✕로 바꿔 쓰고

분모와 분자를 **자리** 바꾸기

'거꾸로'라는 뜻

이게 바로 **역수**야!

역수 관계인 두 수의 **곱은 1**

예 $\dfrac{5}{2}$의 역수는 $\dfrac{2}{5}$

➡ $\dfrac{5}{2} \times \dfrac{2}{5} = 1$

⚠ 소수는 분수로 바꿔서 생각하기!

예 $-\dfrac{1}{3}$의 역수는 $-\dfrac{3}{1} = -3$

➡ $\left(-\dfrac{1}{3}\right) \times (-3) = 1$

⚠ 역수가 되어도 부호는 그대로!

예 $6\left(=\dfrac{6}{1}\right)$의 역수는 $\dfrac{1}{6}$

➡ $6 \times \dfrac{1}{6} = 1$

⚠ 정수는 분모를 1로 써서 역수 찾기!

▶ 개념 익히기 1

주어진 수의 역수를 구하세요.

01

$\dfrac{3}{4}$ ➡ $\dfrac{4}{3}$

02

$-\dfrac{1}{4}$ ➡

03

-5 ➡

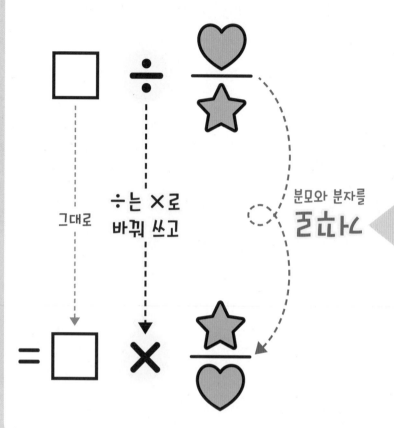

나눗셈식을 실제로 계산해 보자~

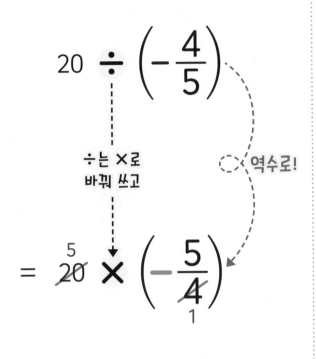

$$20 \div \left(-\frac{4}{5}\right)$$

÷는 ×로 바꿔 쓰고　역수로!

$$= \overset{5}{\cancel{20}} \times \left(-\frac{5}{\cancel{4}_1}\right)$$

$$= -25$$

$$\left(-\frac{6}{7}\right) \div (-2)$$

÷는 ×로 바꿔 쓰고　역수로!

$$= \left(-\frac{\cancel{6}^3}{7}\right) \times \left(-\frac{1}{\cancel{2}_1}\right)$$

$$= +\frac{3}{7}$$

▶ 개념 익히기 2

나눗셈식을 곱셈식으로 바꾸었습니다. ○ 안에는 부호를, □ 안에는 수를 알맞게 쓰세요.

01

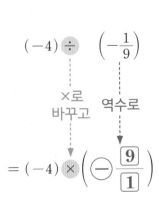

$$(-4) \div \left(-\frac{1}{9}\right)$$

×로 바꾸고　역수로

$$= (-4) \times \left(\ominus \frac{\boxed{9}}{\boxed{1}}\right)$$

02

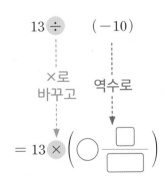

$$13 \div (-10)$$

×로 바꾸고　역수로

$$= 13 \times \left(\bigcirc \frac{\boxed{}}{\boxed{}}\right)$$

03

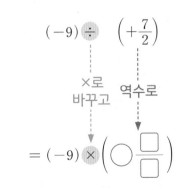

$$(-9) \div \left(+\frac{7}{2}\right)$$

×로 바꾸고　역수로

$$= (-9) \times \left(\bigcirc \frac{\boxed{}}{\boxed{}}\right)$$

▶ 개념 다지기 1

두 수의 곱이 1이 되도록 ? 에 알맞은 수를 구하세요.

01 $\boxed{?} \times \left(+\dfrac{5}{8}\right) = 1$

➡ $\boxed{?} = +\dfrac{8}{5}$

02 $\boxed{?} \times \left(-\dfrac{1}{2}\right) = 1$

➡ $\boxed{?} =$

03 $(-4) \times \boxed{?} = 1$

➡ $\boxed{?} =$

04 $\dfrac{3}{7} \times \boxed{?} = 1$

➡ $\boxed{?} =$

05 $\boxed{?} \times 12 = 1$

➡ $\boxed{?} =$

06 $\boxed{?} \times \left(-\dfrac{9}{16}\right) = 1$

➡ $\boxed{?} =$

▶ 정답 및 해설 67쪽

▶ 개념 다지기 2

계산해 보세요.

6. 유리수의 나눗셈

01 $\left(-\dfrac{9}{4}\right) \div (-0.6)$

$= \left(-\dfrac{9}{4}\right) \div \left(-\dfrac{6}{10}\right)$

$= \left(-\dfrac{\cancel{9}^{3}}{\cancel{4}_{2}}\right) \times \left(-\dfrac{\cancel{10}^{5}}{\cancel{6}_{2}}\right)$

$= +\dfrac{15}{4}$

답: $+\dfrac{15}{4}$

02 $(+25) \div \left(-\dfrac{5}{7}\right)$

03 $\left(-\dfrac{7}{8}\right) \div \left(+\dfrac{1}{2}\right)$

04 $\left(-\dfrac{20}{3}\right) \div \left(-\dfrac{35}{6}\right)$

05 $32 \div \left(+\dfrac{24}{5}\right)$

06 $\left(+\dfrac{15}{14}\right) \div (-1.5)$

▶ 개념 마무리 1

물음에 답하세요.

01 $-\dfrac{5}{4}$의 역수를 -0.3의 역수로 나눈 결과를 구하세요.

$-\dfrac{4}{5}$　　　$-0.3 = -\dfrac{3}{10} \xrightarrow{\text{역수}} -\dfrac{10}{3}$

$\rightarrow \left(-\dfrac{4}{5}\right) \div \left(-\dfrac{10}{3}\right) = \left(-\dfrac{\overset{2}{4}}{5}\right) \times \left(-\dfrac{3}{\underset{5}{10}}\right)$

$\qquad\qquad\qquad = +\dfrac{6}{25}$

답: $+\dfrac{6}{25}$

02 $-\dfrac{1}{3}$의 역수와 $+9$의 합을 구하세요.

03 $-\dfrac{1}{6}$의 역수에서 $+4$를 뺀 값을 구하세요.

04 -1.2의 역수와 $+\dfrac{1}{3}$의 역수의 곱을 구하세요.

05 $-\dfrac{5}{7}$를 $+7$의 역수로 나눈 결과를 구하세요.

06 -18의 역수와 $+\dfrac{2}{9}$의 역수의 곱을 구하세요.

▶ 개념 마무리 2

다음 그림과 같은 정육면체의 전개도를 접었을 때, 마주 보는 면의 수가 서로 역수가 되도록 수를 쓰려고 합니다. 물음에 답하세요.

01

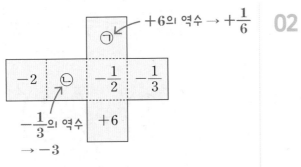

➡ ㉠÷㉡의 값은?

$$\left(+\frac{1}{6}\right) \div (-3) = \left(+\frac{1}{6}\right) \times \left(-\frac{1}{3}\right) = -\frac{1}{18}$$

답: $-\dfrac{1}{18}$

02

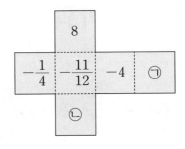

➡ ㉠×㉡의 값은?

03

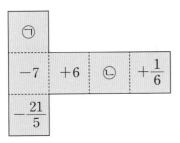

➡ ㉠÷㉡의 값은?

04

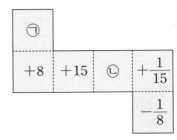

➡ ㉠×㉡의 값은?

05

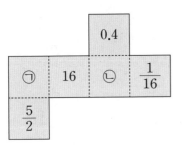

➡ ㉠×㉡의 값은?

06

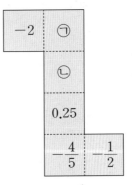

➡ ㉠÷㉡의 값은?

÷가 여러 개여도
전부 ×로 바꿔서 계산

$$(-6) \div \frac{3}{2} \div \left(-\frac{10}{9}\right)$$

> 나눗셈을
> **역수의 곱셈**으로
> 바꿔 쓰기

$$= (-\overset{2}{6}) \times \frac{\overset{}{2}}{\underset{1}{3}} \times \left(-\frac{9}{\underset{5}{10}}\right)$$

$$= +\frac{18}{5}$$

거듭제곱이 있으면
거듭제곱부터 계산

$$\left(-\frac{1}{2}\right)^3 \div \left(-\frac{1}{3}\right)^2$$

$$\left(-\frac{\triangle}{\square}\right)^{\star} = \boxed{부호} \frac{\triangle^{\star}}{\square^{\star}}$$

$$= \left(-\frac{1}{8}\right) \div \left(+\frac{1}{9}\right)$$

> 나눗셈은
> 역수의 곱셈으로
> 바꾸기

$$= \left(-\frac{1}{8}\right) \times \left(+\frac{9}{1}\right)$$

$$= -\frac{9}{8}$$

▶ **개념 익히기 1**

빈칸을 알맞게 채우세요.

01

$$(-2) \div (+3) \div (-5)$$
$$= (-2) \times \left(\boxed{+\frac{1}{3}}\right) \times \left(-\frac{1}{5}\right)$$

02

$$15 \div (+2) \times (-7)$$
$$= 15 \times \left(\boxed{}\right) \times (-7)$$

03

$$(-33) \div (+11) \div (-9)$$
$$= (-33) \times \left(\boxed{}\right) \times \left(\boxed{}\right)$$

( ), { }, [ ]

혼합 계산 순서

거듭제곱 ➡ 괄호 ➡ ×, ÷ ➡ +, −

$$12 \times \left[\left\{ -\frac{1}{8} + \left(-\frac{1}{2}\right)^2 \div \frac{2}{7} \right\} - \frac{1}{3} \right]$$

거듭제곱부터!

나눗셈은 역수의 곱셈으로 바꾸기

$$= 12 \times \left[\left\{ -\frac{1}{8} + \left(+\frac{1}{4}\right) \times \frac{7}{2} \right\} - \frac{1}{3} \right]$$

곱셈을 먼저 계산하기

$$= 12 \times \left\{ \left(-\frac{1}{8} + \frac{7}{8} \right) - \frac{1}{3} \right\}$$

여기서는,
분수를 통분해서 계산하는 것보다
분배법칙을 이용하는 편이 더 쉬워~

$$☆ \times (□ + △)$$
$$= ☆ \times □ + ☆ \times △$$

$$= 12 \times \left(\frac{6}{8} - \frac{1}{3} \right)$$

$$= 9 - 4$$

$$= 5$$

괄호는 항상
( ) ➡ { } ➡ [ ]
순서로 쓰고 계산하니까

( ) ➡ { } ➡ [ ]

계산　변신　변신

사라짐　( )　{ }

계산　변신

사라짐　( )

계산

끝

▶ **개념 익히기 2**

가장 먼저 계산해야 할 부분을 찾아 기호를 쓰세요.

6-22

01

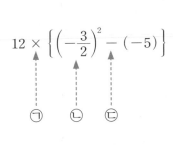

$$12 \times \left\{ \left(-\frac{3}{2} \right)^2 - (-5) \right\}$$

ㄱ　ㄴ　ㄷ

ㄴ

02

$$\left\{ -\left(-6 + \frac{9}{8} \right) + 14 \right\} \times (-3)$$

ㄱ　ㄴ　ㄷ

03

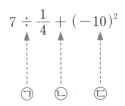

$$7 \div \frac{1}{4} + (-10)^2$$

ㄱ　ㄴ　ㄷ

▶정답 및 해설 70쪽

▶ 개념 다지기 1

나눗셈 부분을 곱셈으로 바르게 나타낸 것에 ○표 하세요.

01

$$20 \div (-2) \times \frac{1}{3}$$

$20 \times \left(-\frac{1}{2}\right) \times \frac{1}{3}$ (○)

$20 \times \left(-\frac{1}{2}\right) \times 3$ (   )

02

$$5 \times 25 \div \frac{1}{8}$$

$5 \times 25 \times \frac{1}{8}$ (   )

$5 \times 25 \times 8$ (   )

03

$$\frac{5}{4} \div (-7) \times (-6)$$

$\frac{5}{4} \times \left(-\frac{1}{7}\right) \times \left(-\frac{1}{6}\right)$ (   )

$\frac{5}{4} \times \left(-\frac{1}{7}\right) \times (-6)$ (   )

04

$$14 \div 8 \div (-9)$$

$14 \times \frac{1}{8} \times \left(-\frac{1}{9}\right)$ (   )

$14 \times \frac{1}{8} \times (-9)$ (   )

05

$$24 \times 6 \div \left(-\frac{2}{3}\right)$$

$24 \times 6 \times \left(-\frac{3}{2}\right)$ (   )

$24 \times \frac{1}{6} \times \left(-\frac{2}{3}\right)$ (   )

06

$$(-2) \div \left(-\frac{2}{3}\right) \div (-4)$$

$\left(-\frac{1}{2}\right) \times \left(-\frac{3}{2}\right) \times \left(-\frac{1}{4}\right)$ (   )

$(-2) \times \left(-\frac{3}{2}\right) \times \left(-\frac{1}{4}\right)$ (   )

▶ 정답 및 해설 71쪽

▶ 개념 다지기 2

계산해 보세요.

01
$$20 \div \left(-\frac{5}{2}\right)^2 \div \left(-\frac{4}{3}\right)$$

$$= 20 \div \left(+\frac{25}{4}\right) \div \left(-\frac{4}{3}\right)$$

$$= \overset{4}{\cancel{20}} \times \left(+\frac{\overset{1}{\cancel{4}}}{\cancel{25}_{5}}\right) \times \left(-\frac{3}{\cancel{4}_{1}}\right)$$

$$= -\frac{12}{5}$$

답: $-\dfrac{12}{5}$

02
$$\left(-\frac{10}{9}\right) \div \left(+\frac{2}{3}\right)^3$$

03
$$\left(-\frac{1}{10}\right)^2 \div \left(\frac{6}{5}\right)^2$$

04
$$\left(-\frac{1}{2}\right) \div \frac{1}{4} \times \left(-\frac{3}{2}\right)$$

05
$$\left(-\frac{8}{5}\right) \times \left(-\frac{25}{6}\right) \div \left(-\frac{4}{3}\right)$$

06
$$\left(-\frac{4}{3}\right)^2 \div \left(-\frac{2}{27}\right) \div 6$$

▶ 개념 마무리 1

주어진 계산 과정에서 처음으로 잘못 계산한 부분을 찾아 ○표 하고, 바르게 계산해 보세요.

01

$$2-\left\{\left(-\frac{3}{2}\right)^2-(4-6)\right\}\times8$$
$$=2-\left\{\frac{9}{4}-(4-6)\right\}\times8$$
$$=2-\left(\frac{9}{4}-2\right)\times8$$
$$=2-(18-16)$$
$$=2-2$$
$$=0$$

➡ 바르게 계산한 답:

02

$$\left\{2-6\div\left(-\frac{3}{2}\right)\right\}\times\frac{7}{6}$$
$$=\left\{(-4)\div\left(-\frac{3}{2}\right)\right\}\times\frac{7}{6}$$
$$=\left\{(-4)\times\left(-\frac{2}{3}\right)\right\}\times\frac{7}{6}$$
$$=\left(+\frac{8}{3}\right)\times\frac{7}{6}$$
$$=+\frac{28}{9}$$

➡ 바르게 계산한 답:

03

$$\frac{3}{5}\div\left\{(-2)-\frac{2}{5}\right\}\times\left(-\frac{5}{6}\right)$$
$$=\frac{3}{5}\div\left(-\frac{10}{5}-\frac{2}{5}\right)\times\left(-\frac{5}{6}\right)$$
$$=\frac{3}{5}\div\left(-\frac{12}{5}\right)\times\left(-\frac{5}{6}\right)$$
$$=\frac{3}{5}\div(+2)$$
$$=\frac{3}{5}\times\left(+\frac{1}{2}\right)$$
$$=\frac{3}{10}$$

➡ 바르게 계산한 답:

04

$$\left(-\frac{1}{2}\right)\div(-4)^2\times\{(-9)+(-1)\}$$
$$=(+2)^2\times\{(-9)+(-1)\}$$
$$=(+4)\times\{(-9)+(-1)\}$$
$$=(+4)\times(-10)$$
$$=-40$$

➡ 바르게 계산한 답:

▶ 정답 및 해설 73쪽

▶ 개념 마무리 2

계산해 보세요.

01 $(-12+5) \times \dfrac{11}{7} - 15 \div 5$

$= (-\overset{1}{\cancel{7}}) \times \dfrac{11}{\underset{1}{\cancel{7}}} - 15 \div 5$

$= (-11) - 3$

$= -14$

답: -14

02 $\left(-\dfrac{3}{5}\right) \times \dfrac{5}{6} + \dfrac{1}{8} \div \left(-\dfrac{1}{4}\right)$

03 $1 - \dfrac{7}{3} \div \{(-2) \times (-14)\}$

04 $35 - \left\{ -5 + (8-11) \div \dfrac{3}{7} \right\}$

05 $2 \div \left[\left\{ -3 + \left(-\dfrac{1}{2}\right)^2 \times 4 \right\} + 8 \right]$

06 $\left\{ \dfrac{2}{3} + (-5)^2 \div (+75) \right\} \times 3 - \dfrac{1}{2}$

$$\left(-\frac{2}{3}\right)^2 \times \boxed{?} \div \frac{7}{3} = -\frac{1}{7}$$

이렇게 식 중간에 **빈칸**이 있으면 어떻게 구하지?

거듭제곱 먼저!

나눗셈은 역수의 곱셈으로 바꾸기

$$\frac{4}{9} \times \boxed{?} \times \frac{3}{7} = -\frac{1}{7}$$

곱셈의 교환법칙

$$\frac{4}{\cancel{9}_3} \times \frac{\cancel{3}^1}{7} \times \boxed{?} = -\frac{1}{7}$$

계산할 수 있는 부분부터 먼저 다 해서 식을 간단히 만들기!

$$\frac{4}{21} \times \boxed{?} = -\frac{1}{7}$$

$$\boxed{?} = \left(-\frac{1}{7}\right) \div \frac{4}{21}$$

나눗셈은 역수의 곱셈으로 바꾸기

$$\boxed{?} = \left(-\frac{1}{\cancel{7}_1}\right) \times \frac{\cancel{21}^3}{4}$$

$$\boxed{?} = -\frac{3}{4}$$

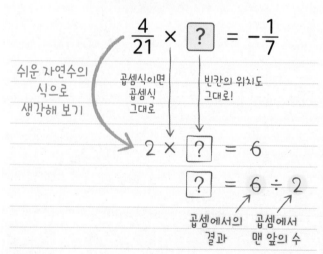

빈칸을 구하는 식을 세워 보자~

$$\frac{4}{21} \times \boxed{?} = -\frac{1}{7}$$

쉬운 자연수의 식으로 생각해 보기

곱셈식이면 곱셈식 그대로

빈칸의 위치도 그대로!

$$2 \times \boxed{?} = 6$$

$$\boxed{?} = 6 \div 2$$

곱셈에서의 결과   곱셈에서 맨 앞의 수

따라서,

$$\frac{4}{21} \times \boxed{?} = -\frac{1}{7} \text{ 에서}$$

$$\boxed{?} = \left(-\frac{1}{7}\right) \div \frac{4}{21}$$

▶ 개념 익히기 1

빈칸을 알맞게 채우세요.

01

$$(-8) \times \boxed{?} = -72$$

$$\Rightarrow \boxed{?} = (-72) \bigodiv (\boxed{-8})$$

02

$$\boxed{?} \times (+4) = -16$$

$$\Rightarrow \boxed{?} = (-16) \bigcirc (\boxed{})$$

03

$$(+6) \times \boxed{?} = -42$$

$$\Rightarrow \boxed{?} = (-42) \bigcirc (\boxed{})$$

▶ 개념 익히기 2

주어진 곱셈식을 보고, $\boxed{?}$의 값을 구하는 나눗셈식을 쓰세요.

01

$$\left(-\frac{5}{7}\right) \times \boxed{?} = \frac{1}{3}$$

$$\Rightarrow \boxed{?} = \frac{1}{3} \div \left(-\frac{5}{7}\right)$$

02

$$\boxed{?} \times \frac{9}{4} = \frac{3}{8}$$

$$\Rightarrow \boxed{?} =$$

03

$$\frac{11}{6} \times \boxed{?} = -\frac{11}{2}$$

$$\Rightarrow \boxed{?} =$$

▶ 정답 및 해설 75쪽

▶ 개념 다지기 1

?에 알맞은 수를 구하세요.

01 $\left(-\dfrac{9}{5}\right) \times \boxed{?} = -18$

➡ $\boxed{?} = +10$

$\boxed{?} = (-18) \div \left(-\dfrac{9}{5}\right)$

$= (-\overset{2}{\cancel{18}}) \times \left(-\dfrac{5}{\cancel{9}}\right)$
$\quad\quad\quad\quad\quad 1$

$= +10$

02 $\dfrac{3}{4} \times \boxed{?} = 24$

➡ $\boxed{?} =$

03 $\boxed{?} - \dfrac{1}{6} = -\dfrac{11}{6}$

➡ $\boxed{?} =$

04 $-\dfrac{2}{7} + \boxed{?} = \dfrac{9}{7}$

➡ $\boxed{?} =$

05 $\boxed{?} \div \dfrac{4}{15} = -8$

➡ $\boxed{?} =$

06 $\boxed{?} \div \left(-\dfrac{11}{16}\right) = \dfrac{12}{11}$

➡ $\boxed{?} =$

▶ 개념 다지기 2

물음에 답하세요.

01 어떤 수에 $-\dfrac{5}{4}$를 더해야 할 것을 잘못하여 나누었더니 $-\dfrac{3}{5}$이 되었습니다.

(1) 어떤 수를 ?로 하여 식을 세우고, 어떤 수를 구하세요.

식 $\boxed{?} \div \left(-\dfrac{5}{4}\right) = -\dfrac{3}{5}$

답 _____

(2) 바르게 계산한 값을 쓰세요.

02 어떤 수에 10을 곱해야 할 것을 잘못하여 뺐더니 1.5가 되었습니다.

(1) 어떤 수를 ?로 하여 식을 세우고, 어떤 수를 구하세요.

식 _____

답 _____

(2) 바르게 계산한 값을 쓰세요.

03 어떤 수를 $-\dfrac{7}{9}$로 나누어야 할 것을 잘못하여 더했더니 $\dfrac{4}{9}$가 되었습니다.

(1) 어떤 수를 ?로 하여 식을 세우고, 어떤 수를 구하세요.

식 _____

답 _____

(2) 바르게 계산한 값을 쓰세요.

04 어떤 수를 $-\dfrac{3}{7}$으로 나누어야 할 것을 잘못하여 곱했더니 $-\dfrac{9}{14}$가 되었습니다.

(1) 어떤 수를 ?로 하여 식을 세우고, 어떤 수를 구하세요.

식 _____

답 _____

(2) 바르게 계산한 값을 쓰세요.

▶ 개념 마무리 1

다음 그림에서 나란한 **네 수의 곱**이 항상 **−1**이 되도록, 빈칸을 알맞게 채우세요.

01

| 3 | 2 | $-\dfrac{5}{6}$ | $+\dfrac{1}{5}$ | |

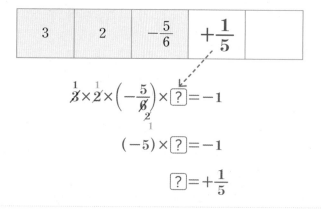

$$\overset{1}{\cancel{3}}\times\overset{1}{\cancel{2}}\times\left(-\dfrac{5}{\underset{\underset{1}{2}}{\cancel{6}}}\right)\times\boxed{?}=-1$$

$$(-5)\times\boxed{?}=-1$$

$$\boxed{?}=+\dfrac{1}{5}$$

02

| -1 | | $\dfrac{1}{3}$ | 9 |

03

| $-\dfrac{1}{4}$ | $-\dfrac{8}{9}$ | | 3 | |

04

| $-\dfrac{5}{2}$ | | -2 | 4 | |

▶ 정답 및 해설 79쪽

▶ 개념 마무리 2

?에 알맞은 수를 구하세요.

01 $\left\{(-2)^3 \times \boxed{?} - \dfrac{4}{3}\right\} \times (-3) = 12$

$\left\{(-8) \times \boxed{?} - \dfrac{4}{3}\right\} \times (-3) = 12$

♥ 라고 하면, ♥ $\times (-3) = 12$

♥ $= -4$

♥ $= (-8) \times \boxed{?} - \dfrac{4}{3} = -4$

$(-8) \times \boxed{?} = -4 + \dfrac{4}{3}$

$(-8) \times \boxed{?} = -\dfrac{12}{3} + \dfrac{4}{3}$

$(-8) \times \boxed{?} = -\dfrac{8}{3}$

$\rightarrow \boxed{?} = \left(-\dfrac{8}{3}\right) \div (-8)$

$= \left(-\dfrac{\overset{1}{\cancel{8}}}{3}\right) \times \left(-\dfrac{1}{\underset{1}{\cancel{8}}}\right)$

$= +\dfrac{1}{3}$ 　　답: $+\dfrac{1}{3}$

02 $\dfrac{11}{4} \times \boxed{?} \times (-7) = \dfrac{33}{14}$

03 $7 + \boxed{?} \times \left\{\left(-\dfrac{1}{3}\right) + 1\right\} = -13$

04 $\dfrac{16}{3} \times \boxed{?} \div \left(-\dfrac{8}{3}\right) + 9 = -5$

문제

양의 정수 a, b에 대하여 $a \leq \dfrac{10}{3}$ 이고, $|b| \leq 3$ 일 때,

a, b 둘 다 자연수니까,
자연수의 나눗셈만 생각하면 되겠네~ ➡ 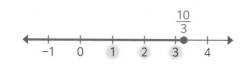 a가 $\dfrac{10}{3}$ **이하** ➡ 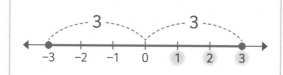 b의 절댓값이 **3 이하**

$a \div b$의 값 중에서 가장 큰 값은?

(큰 수) ÷ (작은 수)일 때 몫이 가장 큼

풀이

a의 값 구하기

$\dfrac{10}{3}$

-1   0   1   2   3   4

a는 양의 정수니까,

a가 될 수 있는 수는 1, 2, 3

b의 값 구하기

3   3

-3   -2   -1   0   1   2   3

b는 양의 정수니까,

b가 될 수 있는 수는 1, 2, 3

➡ 따라서 $a \div b$의 값 중에서 가장 큰 값은,

(가장 큰 a) ÷ (가장 작은 b)
     3   1

$= 3 \div 1 = 3$

답 3

▶ **개념 익히기 1**

설명에 알맞은 수를 모두 쓰세요.

01

4.5 이하인 자연수

➡ **1, 2, 3, 4**

02

절댓값이 2 이하인 정수

➡

03

−3.5 초과인 음의 정수

➡

부등호에는
>, <, ≥, ≤가 있어!

수의 크기를 비교할 때는 **부등호**로 나타내!

a, b가 어떤 수일 때...

$a > b$

a는 b **초과**이다.
a는 b보다 크다.

$a < b$

a는 b **미만**이다.
a는 b보다 작다.

$a \geq b$

a는 b **이상**이다.
a는 b보다 크거나 같다.
a는 b보다 작지 않다.

$a \leq b$

a는 b **이하**이다.
a는 b보다 작거나 같다.
a는 b보다 크지 않다.

예 a는 −2보다 크고, +3보다 크지 않다. ➡ $-2 < a \leq +3$

▶ 개념 익히기 2

수직선에 표시한 부분을 보고, 부등호를 사용하여 나타내어 보세요.

6-34

01

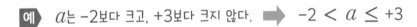

➡ $-3 \leq a < 2$

02

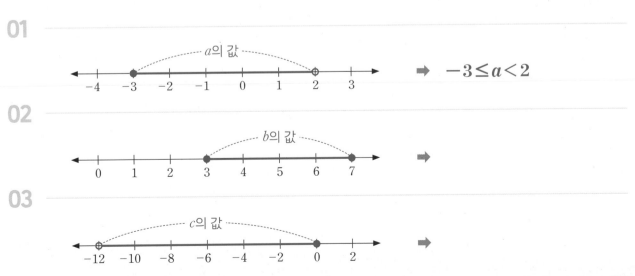

➡

03

▶ 정답 및 해설 80쪽

▶ 개념 다지기 1

a와 b의 크기를 비교하여 ○ 안에 알맞은 부등호를 쓰세요.

01 a는 b보다 **크지 않다.**

➡ $a \leq b$

02 a는 b **이상**이다.

➡ $a \bigcirc b$

03 a는 b **초과**이다.

➡ $a \bigcirc b$

04 b는 a보다 **크거나 같다.**

➡ $a \bigcirc b$

05 b는 a **이하**이다.

➡ $a \bigcirc b$

06 b는 a보다 **작지 않다.**

➡ $a \bigcirc b$

▶ 정답 및 해설 80쪽

▶ 개념 다지기 2

수의 범위가 같은 것을 찾아 모두 V표 하세요.

01

a는 5보다 크지 않다. ☑

a는 5 이하이다. ☑

a는 5보다 작지 않다. ☐

02

b는 $-\dfrac{5}{4}$ 이하이다. ☐

b는 $-\dfrac{5}{4}$ 보다 크거나 같다. ☐

b는 $-\dfrac{5}{4}$ 보다 작지 않다. ☐

03

c는 -1.4 미만이다. ☐

c는 -1.4보다 크다. ☐

c는 -1.4보다 작다. ☐

04

$6 \leq d \leq 9$ ☐

d는 6 이상이고, 9보다 크지 않다. ☐

d는 6보다 작지 않고, 9보다 작거나 같다. ☐

05

s는 -2 초과이고, $-\dfrac{1}{3}$ 보다 크지 않다. ☐

s는 -2 이상이고, $-\dfrac{1}{3}$ 이하이다. ☐

$-2 < s \leq -\dfrac{1}{3}$ ☐

06

t는 -1 초과이고, 10 미만이다. ☐

t는 -1 이상이고, 10보다 작거나 같다. ☐

$-1 \leq t \leq 10$ ☐

▶ 정답 및 해설 81쪽

▶ 개념 마무리 1

물음에 답하세요.

01 $-\dfrac{5}{4} \le a < 5$인 정수 a의 최댓값을 구하세요.

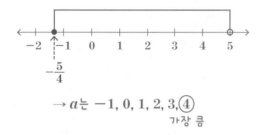

→ a는 $-1, 0, 1, 2, 3, \boxed{4}$
          가장 큼

답: 4

02 $-6 < b \le -2$인 정수 b는 모두 몇 개인지 쓰세요.

03 $-2.6 \le c < 3.2$인 정수 c의 최솟값을 구하세요.

04 $-8 \le m \le 0$인 정수 m은 모두 몇 개인지 쓰세요.

05 $-1.4 \le t < 5$인 정수 t의 최솟값과 최댓값을 각각 구하세요.

06 $|d| < 6$인 정수 d는 모두 몇 개인지 쓰세요.

▶ 개념 마무리 2

물음에 답하세요.

01 정수 a, b에 대하여 $-2<a\leq4$, $|b|\leq2$ 일 때,

(1) a와 b의 값을 모두 구하세요.

$$a=-1,\ 0,\ 1,\ 2,\ 3,\ 4$$

$$b=-2,\ -1,\ 0,\ 1,\ 2$$

(2) $a\times b$의 최댓값과 최솟값을 구하세요.

02 정수 a, b에 대하여 $1<a\leq3$, $-2<b\leq2$ 일 때,

(1) a와 b의 값을 모두 구하세요.

(2) $a+b$의 최댓값과 최솟값을 구하세요.

03 정수 a, b에 대하여 $|a|\leq\dfrac{3}{2}$, $|b|<4$일 때,

(1) a와 b의 값을 모두 구하세요.

(2) $a-b$의 최댓값과 최솟값을 구하세요.

04 정수 a, b에 대하여 $-5<a\leq-1$, $3<b\leq6$ 일 때,

(1) a와 b의 값을 모두 구하세요.

(2) $a\div b$의 최댓값과 최솟값을 구하세요.

⭐ 차이를 나타내는 방법

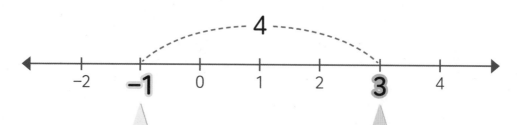

3보다 4만큼 작은 수
빼기

$3 - 4 = -1$

−1보다 4만큼 큰 수
더하기

$-1 + 4 = 3$

예) 6보다 −2만큼 작은 수
빼기

➡ $6 - (-2)$

$= 6 + 2$

$= 8$

얼마만큼이든,
작으면 빼기~
크면 더하기~

예) 5보다 −1만큼 큰 수
더하기

➡ $5 + (-1)$

$= 5 - 1$

$= 4$

▶ 개념 익히기 1

○ 안에 +, −를 알맞게 쓰세요.

01

△보다 ☆만큼 큰 수

➡

02

■보다 ♡만큼 작은 수

➡

03

㉠보다 ㉡만큼 큰 수

➡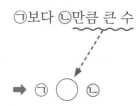

문제 a는 -6.5보다 **3만큼 큰 수** 이고, b는 2보다 -7.5**만큼 작은 수** 라고
       3을 더하기 -7.5를 빼기

할 때, $a \div b$의 값은?

풀이

a의 값 구하기	b의 값 구하기
$a = -6.5 + 3$ $\quad = -3.5$	$b = 2 - (-7.5)$ $\quad = 2 + (+7.5)$ $\quad = 9.5$

➡ 따라서 $a \div b = (-3.5) \div 9.5$

$$= \left(-\frac{35}{10}\right) \div \frac{95}{10}$$

나눗셈은
역수의 곱셈으로
바꾸기

$$= \left(-\frac{\overset{7}{\cancel{35}}}{\underset{1}{\cancel{10}}}\right) \times \frac{\overset{1}{\cancel{10}}}{\underset{19}{\cancel{95}}}$$

$$= -\frac{7}{19}$$

답 $-\dfrac{7}{19}$

▶ 개념 익히기 2

  6-40

설명에 알맞은 식에 ○표 하세요.

01

2보다 -1.2만큼 큰 수

· $2+1.2$ (   )

· $2+(-1.2)$ (○)

02

-3보다 -4만큼 작은 수

· $-3-4$ (   )

· $-3-(-4)$ (   )

03

1보다 -5만큼 큰 수

· $1+(-5)$ (   )

· $1+5$ (   )

▶정답 및 해설 85쪽

▶ 개념 다지기 1

물음에 답하세요.

01 −5보다 −2만큼 작은 수는?

$$-5-(-2)$$
$$=-5+(+2)$$
$$=-3$$

답: **−3**

02 +3보다 −3만큼 큰 수는?

03 8보다 −6만큼 큰 수는?

04 $-\dfrac{5}{4}$보다 $\dfrac{1}{4}$만큼 큰 수는?

05 −0.2보다 −1만큼 작은 수는?

06 $\dfrac{1}{8}$보다 $-\dfrac{21}{8}$만큼 작은 수는?

▶ 개념 다지기 2

물음에 답하세요.

01 a는 2.5보다 -2만큼 큰 수이고,
b는 -4보다 -2.5만큼 작은 수일 때,
$a \div b$의 값을 구하세요.

$$a = 2.5 + (-2) \qquad b = (-4) - (-2.5)$$
$$= +0.5 \qquad\qquad = (-4) + (+2.5)$$
$$= +\frac{1}{2} \qquad\qquad = -1.5 = -\frac{15}{10}$$

$$\rightarrow a \div b = \left(+\frac{1}{2}\right) \div \left(-\frac{15}{10}\right)$$

$$= \left(+\frac{1}{\underset{1}{2}}\right) \times \left(-\frac{\overset{1}{\cancel{10}}}{\underset{3}{\cancel{15}}}\right) \quad \text{답: } -\frac{1}{3}$$

$$= -\frac{1}{3}$$

02 a는 10보다 3만큼 작은 수이고,
b는 -5보다 -3만큼 큰 수일 때,
$a \times b$의 값을 구하세요.

03 a는 7보다 -17만큼 큰 수이고,
b는 -10보다 -99만큼 큰 수일 때,
$a+b$의 값을 구하세요.

04 a는 -15보다 -2만큼 작은 수이고,
b는 2보다 -12만큼 작은 수일 때,
$a-b$의 값을 구하세요.

05 a는 $\frac{1}{5}$보다 -0.8만큼 작은 수이고,
b는 9보다 0.9만큼 큰 수일 때,
$b \div a$의 값을 구하세요.

06 a는 -1보다 -9만큼 큰 수이고,
b는 0.7보다 2만큼 작은 수일 때,
$a \times b$의 값을 구하세요.

▶ 정답 및 해설 87~88쪽

▶ 개념 마무리 1

주어진 조건을 만족시키는 유리수 a, b, c의 크기를 부등호를 사용하여 비교하세요.

01

> • a는 c보다 -3만큼 작은 수
> • b는 a보다 -2만큼 큰 수

$a = c - (-3) = c + 3$
$b = a + (-2) = a - 2$

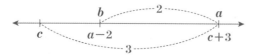

답: $c < b < a$

02

> • c는 b보다 7만큼 큰 수
> • a는 b보다 -1만큼 큰 수

03

> • b는 a보다 2만큼 작은 수
> • c는 a보다 3만큼 큰 수

04

> • a는 b보다 -0.4만큼 작은 수
> • c는 a보다 $+1$만큼 큰 수

05

> • c는 a보다 $\dfrac{2}{5}$만큼 큰 수
> • b는 c보다 $-\dfrac{1}{2}$만큼 작은 수

06

> • a는 b보다 3만큼 큰 수
> • b는 c보다 -1만큼 작은 수

▶ 개념 마무리 2

물음에 답하세요.

01 어떤 수보다 −9만큼 작은 수에 5를 곱해야 하는데 잘못해서, 어떤 수보다 5만큼 작은 수에 −9를 곱했더니 81이 되었습니다. 바르게 계산한 값을 구하세요.

〈잘못 계산한 식〉

$(\boxed{?}-5) \times (-9) = 81$

$\boxed{?} - 5 = -9$

$\boxed{?} = -4$

〈바르게 계산한 식〉

$\{(-4)-(-9)\} \times 5 = \{(-4)+(+9)\} \times 5$

$= 5 \times 5$

$= 25$

답: 25

02 어떤 수보다 −12만큼 큰 수를 3으로 나누어야 하는데 잘못해서, 어떤 수보다 −12만큼 작은 수를 3으로 나누었더니 5가 되었습니다. 바르게 계산한 값을 구하세요.

03 어떤 수보다 $-\dfrac{3}{4}$만큼 큰 수를 0.25로 나누어야 하는데 잘못해서, 어떤 수보다 0.25만큼 큰 수에 $-\dfrac{3}{4}$을 곱했더니 $-\dfrac{21}{16}$이 되었습니다. 바르게 계산한 값을 구하세요.

04 어떤 수보다 $-\dfrac{6}{5}$만큼 큰 수에 4를 곱해야 하는데 잘못해서, 어떤 수보다 4만큼 큰 수를 $-\dfrac{6}{5}$으로 나누었더니 $-\dfrac{31}{6}$이 되었습니다. 바르게 계산한 값을 구하세요.

단원 마무리

6-45

01 다음 중 나눗셈의 몫의 부호가 <u>다른</u> 것은?

① $(-12) \div (+4)$ 　② $(-8) \div (+2)$

③ $(+36) \div (-9)$ 　④ $(-27) \div (-3)$

⑤ $(+40) \div (-5)$

02 $-5 < a \leq 1$을 만족하는 정수 a를 모두 쓰시오.

03 다음 수 중에서 역수를 바르게 구한 것은?

① $-3 \rightarrow -\dfrac{3}{1}$ 　② $\dfrac{1}{2} \rightarrow -2$

③ $-\dfrac{1}{6} \rightarrow -6$ 　④ $\dfrac{2}{5} \rightarrow -\dfrac{2}{5}$

⑤ $-\dfrac{20}{9} \rightarrow \dfrac{9}{20}$

04 다음 중 부등호를 사용하여 바르게 나타낸 것을 모두 찾아 기호를 쓰시오.

> ㉠ a는 1 이상 5 미만이다.
>
> 　→ $1 \leq a < 5$
>
> ㉡ b는 -2보다 작지 않다.
>
> 　→ $-2 < b$
>
> ㉢ c는 3보다 크지 않고, 0 이상이다.
>
> 　→ $0 \leq c \leq 3$

05 다음을 계산하시오.

$$\left(-\frac{8}{21}\right) \div \left(-\frac{2}{7}\right)$$

06 나눗셈의 몫을 분수 또는 소수로 나타내었습니다. 다음 중 옳지 <u>않은</u> 것은?

① $(+4) \div (-3) = -\dfrac{4}{3}$

② $(-6) \div (-7) = -\dfrac{6}{7}$

③ $(+4) \div (+5) = +0.8$

④ $(+21) \div (-10) = -2.1$

⑤ $(-2) \div (-13) = +\dfrac{2}{13}$

07 ?에 알맞은 수를 구하시오.

$$\left(-\dfrac{5}{6}\right) \times \boxed{?} = \dfrac{7}{24}$$

08 다음을 계산하시오.

$$\left(\dfrac{-11}{4}\right) + 3 \div (-2)$$

09 다음 수직선 위에 세 점이 나타내는 유리수 a, b, c에 대하여 $a \div b \div c$의 값은?

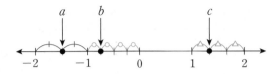

① -2 　　　　② -1

③ $-\dfrac{2}{3}$ 　　　④ $\dfrac{3}{2}$

⑤ $\dfrac{9}{8}$

10 다음을 계산하시오.

$$-41 + 2 \times \left\{ (-3)^3 + 27 \div \dfrac{3}{5} \right\}$$

11 수직선에 표시한 부분에 대한 설명으로 옳지 <u>않은</u> 것은?

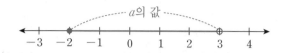

① a는 -2 이상 3 미만인 수입니다.
② a의 값 중 정수인 수의 개수는 5개입니다.
③ 부등호로 나타내면 $-2 \leq a < 3$입니다.
④ a의 값의 최솟값은 -2입니다.
⑤ a의 값의 최댓값은 3입니다.

12 5보다 -15만큼 작은 수를 a, -2보다 $\dfrac{3}{4}$만큼 큰 수를 b라고 할 때, $a \div b$의 값을 구하시오.

13 어떤 수를 $\dfrac{2}{3}$로 나누어야 할 것을 잘못하여 곱했더니 $-\dfrac{7}{3}$이 되었습니다. 바르게 계산한 값을 구하시오.

14 다음을 계산하시오.

$$\left(+\frac{1}{2}\right) \div \left(-\frac{2}{3}\right) \div \left(-\frac{3}{4}\right) \div \left(-\frac{4}{5}\right) \div \left(-\frac{5}{6}\right) \div \left(-\frac{6}{7}\right)$$

15 다음 그림과 같은 정육면체 모양의 주사위에서 마주 보는 면에 적힌 두 수가 서로 역수일 때, 보이지 않는 면에 적힌 세 수의 곱을 구하시오.

16 유리수 a, b, c에 대하여 $a \times b < 0$, $b < c$, $c \div a > 0$일 때, a, b, c의 부호를 부등호를 사용하여 나타내시오.

17 다음과 같이 화살표를 따라서 계산할 때, ㉠에 알맞은 수를 구하시오.

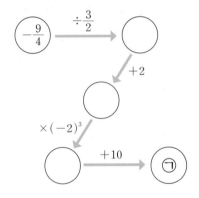

18 다음 조건을 만족시키는 유리수 a, b, c, d를 큰 수부터 차례대로 쓰시오.

> • c는 a보다 -3만큼 작은 수
> • d는 c보다 2만큼 큰 수
> • b는 a보다 2.5만큼 작은 수

19 정수 a, b가 다음 조건을 만족할 때, $a \times b$의 최댓값과 최솟값을 각각 구하시오.

> • a는 -1보다 작지 않고, 4 미만입니다.
> • $|b| \leq 3$

20 $-1 < x \leq a$인 유리수 x 중에서 정수는 4개일 때, 유리수 a의 값이 될 수 있는 것은?

① 2 ② 2.5

③ $\dfrac{22}{7}$ ④ 4

⑤ 5

서술형 문제

21 $-\dfrac{3}{20}$의 역수를 1.8의 역수로 나눌 때, 계산 결과를 구하시오.

└ 풀이 ┘

서술형 문제

22 다음 그림에서 나란한 네 수의 곱이 -1이 되도록 수를 쓰려고 합니다. ㉠÷㉡÷㉢의 값을 구하시오.

| ㉠ | $-\dfrac{1}{5}$ | -16 | ㉡ | $\dfrac{5}{2}$ | ㉢ |

└ 풀이 ┘

서술형 문제

23 다음 ○ 안에 × 또는 ÷를 넣어 계산한 결과 중 가장 큰 값을 a, 가장 작은 값을 b라고 할 때, $a \times b$의 값을 구하시오.

$$(-20) \bigcirc \left(-\dfrac{1}{5}\right) \bigcirc 10$$

└ 풀이 ┘

수학 기호의 시작

+, **−** 기호는 1489년에 독일의 수학자 비트만 (Johannes Widmann, 1462~1498)이 처음 만들었어요. 하지만 당시에는 '과잉'이나 '부족'을 나타내는 기호로 쓰였지요.

그 후, 1514년에 네덜란드의 수학자 호이케 (G.V. Hoecke, 1585~1648)가 **+**, **−** 를 지금처럼 덧셈, 뺄셈을 나타내는 연산 기호로 사용하기 시작했답니다.

1631년 영국의 수학자 오트레드 (W. Oughtred, 1574~1660)가 쓴 「수학의 열쇠」라는 책에서 처음으로 사용되었어요.

처음에는 알파벳 **X**와 비슷하게 생겼다는 이유로 쉽게 받아들여지지 않다가, 19세기 후반이 되어서야 널리 쓰이게 되었다고 합니다.

원래 유럽과 스칸디나비아 반도에서 **÷**는 뺄셈 기호로 사용되고 있었어요. 그 후, 1659년 스위스 수학자 란 (J.H. Rahn, 1622~1676)이 「대수학」이라는 책에서 처음으로 나눗셈 기호로 사용했어요.

분수에서 분자, 분모를 각각 점으로 나타내어 추상적으로 표현한 모양이 **÷** 기호가 된 것이지요. 지금은 한국, 미국, 영국, 일본에서만 나눗셈을 **÷** 기호로 나타내고, 그 외의 나라에서는 다른 기호를 사용해요.

1557년 영국의 수학자 레코드 (R. Recorde, 1510~1558)의 「지혜의 숫돌」이라는 책에서 처음 등장한 기호예요. '세상에서 길이가 같은 2개의 평행선만큼 같은 것은 없다.'라는 의미에서 평행선의 모양을 본따서 만든 것이지요.

그래서 처음에는 등호를 ═══ 와 같이 길게 늘려서 썼는데, 시간이 지나면서 점점 현재의 ═ 모양처럼 짧아졌다고 합니다.

총정리 문제

*정수와 유리수 1, 2권에 대한 총정리 문제입니다.

01 다음 중 -4보다 작은 수는?

① $\dfrac{1}{2}$ 　　　② $(-1)^4$

③ 0 　　　④ -3

⑤ $(-5)^3$

02 다음 중 $-\dfrac{3}{4}$과 같지 않은 것은?

① $\dfrac{-3}{4}$ 　　　② $\dfrac{3}{-4}$

③ $\dfrac{-3}{-4}$ 　　　④ $(-3) \div (+4)$

⑤ $(+3) \times \left(-\dfrac{1}{4}\right)$

03 다음 중 계산 결과가 다른 하나는?

① $(+4)-(-3)$ 　② $(-4)+(+3)$

③ $(-6)-(-5)$ 　④ $(+2)-(+3)$

⑤ $(+7)+(-8)$

04 다음을 계산하시오.

$$\left(\dfrac{12}{-5}\right) \div \left(\dfrac{-9}{10}\right)$$

05 다음 설명 중 옳지 않은 것은?

① 모든 정수는 유리수입니다.

② 0은 유리수입니다.

③ 음수의 세제곱은 양수입니다.

④ 두 음수의 곱은 양수입니다.

⑤ 두 음수의 나눗셈은 양수입니다.

06 다음 중 부등호를 사용하여 바르게 나타낸 것은?

① a는 -2보다 크지 않다. → $-2 \leq a$

② a는 3 이상 5 미만이다. → $3 \leq a \leq 5$

③ a는 6보다 크거나 같다. → $6 \geq a$

④ a는 -1 초과 1 이하이다. → $-1 \leq a < 1$

⑤ a는 $-\dfrac{1}{4}$보다 크고, 4보다 작거나 같다.

→ $-\dfrac{1}{4} < a \leq 4$

07 다음을 계산하시오.

$$-4+13-5+7-6+3-8$$

08 $+6$의 역수와 $-\dfrac{3}{7}$의 역수의 곱을 구하시오.

09 다음 식의 계산 결과가 큰 순서대로 기호를 쓰시오.

$\bigcirc$ $\left(-\dfrac{1}{4}\right) \times (+12)$

$\bigcirc$ $(-7)-(-3)$

$\bigcirc$ $(-1)^{99} \times (-1)^{999}$

$\bigcirc$ $(+10) \div (-2)$

10 다음 수 중에서 정수가 아닌 유리수를 모두 찾아 합을 구하시오.

$$-\dfrac{39}{13} \qquad -1.5 \qquad -33 \qquad \dfrac{7}{2} \qquad -6$$

11 5장의 수 카드에 대한 설명으로 옳은 것은?

① 양수인 수 카드는 1장입니다.

② 정수인 수 카드는 2장입니다.

③ 정수가 아닌 유리수인 카드는 3장입니다.

④ 음의 유리수인 카드는 2장입니다.

⑤ 유리수인 카드는 2장입니다.

12 분배법칙을 이용하여 다음을 계산하시오.

$$\frac{4}{7} \times \left(35 - \frac{21}{4}\right)$$

13 다음 수 중에서 가장 작은 수를 a, 가장 큰 수를 b라고 할 때, $a-b$의 값을 구하시오.

$$+\frac{1}{2} \qquad -1 \qquad -\frac{6}{5} \qquad 1.5 \qquad +2$$

14 다음을 계산하시오.

$$\left(-\frac{2}{3}\right) + (-2.4) + (+5) + \left(+\frac{5}{3}\right) + (-1.6)$$

15 ?에 알맞은 수를 구하시오.

$$\left(-\frac{3}{2}\right) \times \boxed{?} \times 4 = -2$$

16 ★×▲=−5, (▲+♥)×★=−25일 때, ★×♥의 값을 구하시오.

18 어떤 두 수의 절댓값이 각각 2, 4일 때, 다음 중 두 수의 합이 될 수 <u>없는</u> 것은?

① −6   ② −4

③ −2   ④ +2

⑤ +6

17 다음 중 옳지 <u>않은</u> 것은?

① $\dfrac{1}{4} \times \left(-\dfrac{2^3}{9}\right) = -\dfrac{2}{9}$

② $\left(-\dfrac{2^2}{3^3}\right) \times \left(\dfrac{3}{2}\right)^3 = -\dfrac{1}{2}$

③ $\left(-\dfrac{7^2}{5}\right) \times \left(-\dfrac{5}{7}\right)^3 = -\dfrac{5}{7}$

④ $\left(-\dfrac{5}{13}\right)^{98} \times \dfrac{13^{99}}{5^{100}} = +\dfrac{13}{25}$

⑤ $\left(-\dfrac{3^3}{5^2}\right) \times \left(-\dfrac{25}{9}\right) = +3$

19 ㉠×㉡=−3이고, ㉢×㉣=+5일 때, ㉡×㉣×㉠×㉢의 값을 구하는 과정입니다. 빈칸을 알맞게 채우시오.

㉡×㉣×㉠×㉢ ┄┄┄ 곱셈의 [ ]법칙

= ㉡×㉠×㉣×㉢ ◀┄ 곱셈의 [ ]법칙

= (㉡×㉠)×(㉣×㉢) ◀┄ 곱셈의 [ ]법칙

= (㉠×㉡)×(㉢×㉣) ◀┄

= ([ ]) × ([ ])

= [ ]

20 다음을 계산하시오.

$$14-2\times\left\{(-2)^3+8\div\left(-\frac{4}{5}\right)\right\}$$

22 a는 $\frac{4}{3}$보다 $-\frac{8}{3}$만큼 큰 수이고, b는 $-\frac{3}{5}$보다 $-\frac{1}{5}$만큼 작은 수일 때, $a\div b$의 값을 구하시오.

21 절댓값이 각각 12, 15인 두 수의 곱은 음수이고, 합은 양수일 때, 두 수를 구하시오.

23 어떤 수를 $-\frac{5}{7}$로 나누어야 할 것을 잘못하여 곱했더니 $-\frac{25}{98}$가 되었습니다. 바르게 계산한 값을 구하시오.

서술형 문제

24 다음을 계산하시오.

$$\frac{1}{5} - \frac{2}{5} + \frac{3}{5} - \frac{4}{5} + \cdots + \frac{99}{5} - \frac{100}{5}$$

┌ 풀이 ─────────────────────

서술형 문제

25 $-4 \leq a < 3$, $-6 < b \leq -3$인 정수 a, b에 대하여 $a \div b$의 최댓값과 최솟값을 각각 구하시오.

┌ 풀이 ─────────────────────

MEMO

MEMO

MEMO

정답 및 해설

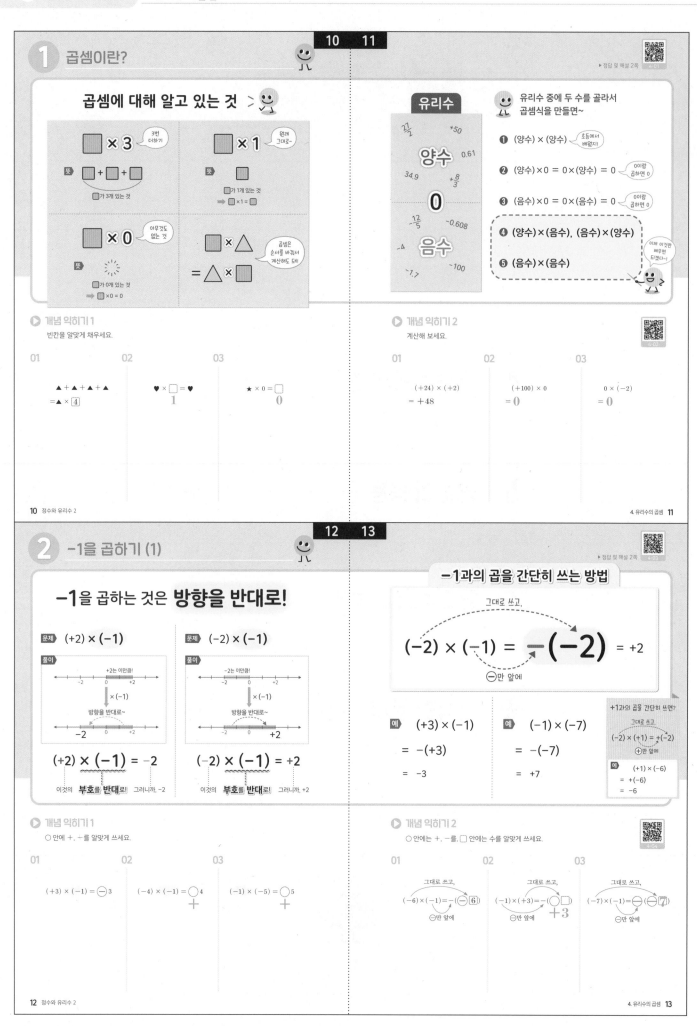

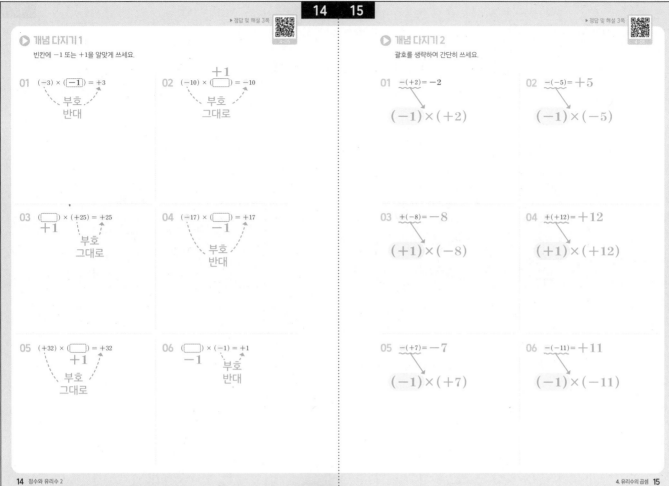

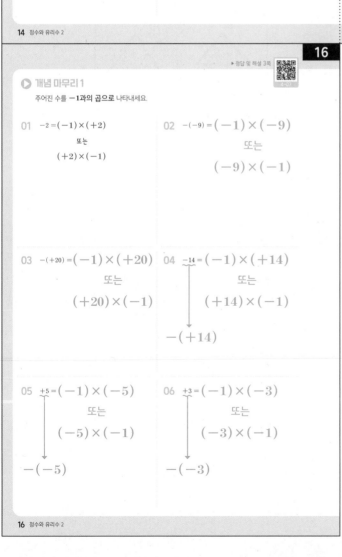

17

▶ 개념 마무리 2

주어진 수와 부호가 같은 수는 ○표, 반대인 수는 △표 하세요.

01
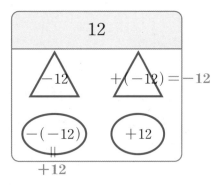

02
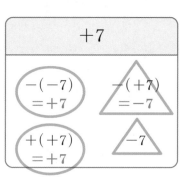

03
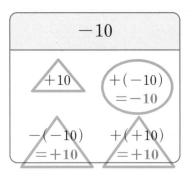

04
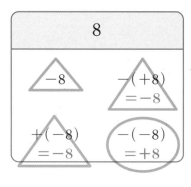

05
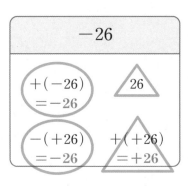

06
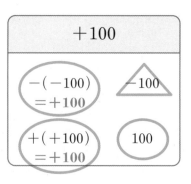

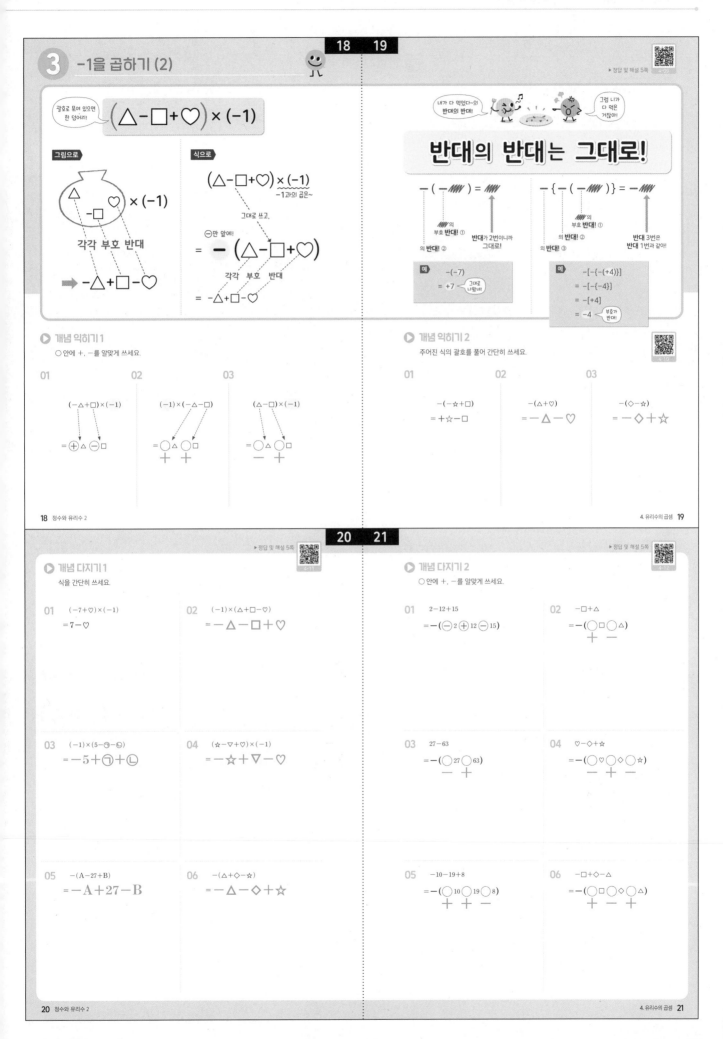

3 −1을 곱하기 (2)

▶ 정답 및 해설 5쪽

괄호로 묶여 있으면 한 덩어리!

$$(\triangle - \square + \heartsuit) \times (-1)$$

그림으로

각각 부호 반대

$$\Rightarrow -\triangle + \square - \heartsuit$$

식으로

$$(\triangle - \square + \heartsuit) \times (-1)$$

−1과의 곱은~

그대로 쓰고,

⊖만 앞에!

$$= - (\triangle - \square + \heartsuit)$$

각각 부호 반대

$$= -\triangle + \square - \heartsuit$$

내가 다 먹었다~의 반대의 반대!

그럼 니가 다 먹은 거잖아!

반대의 반대는 그대로!

$$-(-\text{/////}) = \text{/////}$$

/////의 부호 반대! ①

의 반대! ②

반대가 2번이니까 그대로!

$$-\{-(-\text{/////})\} = -\text{/////}$$

/////의 부호 반대! ①

의 반대! ②

의 반대! ③

반대 3번은 반대 1번과 같아!

예
$$-(-7)$$
$$= +7$$ 그대로 나왔네!

예
$$-[-\{-(+4)\}]$$
$$= -[-\{-4\}]$$
$$= -[+4]$$
$$= -4$$ 부호가 반대!

▶ 개념 익히기 1

○ 안에 +, −를 알맞게 쓰세요.

01

$$(-\triangle + \square) \times (-1)$$

$$= \boxed{+} \triangle \boxed{-} \square$$

02

$$(-1) \times (-\triangle - \square)$$

$$= \bigcirc \triangle \bigcirc \square$$
$$\quad + \quad +$$

03

$$(\triangle - \square) \times (-1)$$

$$= \bigcirc \triangle \bigcirc \square$$
$$\quad - \quad +$$

▶ 개념 익히기 2

주어진 식의 괄호를 풀어 간단히 쓰세요.

01

$$-(-\star + \square)$$

$$= + \star - \square$$

02

$$-(\triangle + \heartsuit)$$

$$= -\triangle - \heartsuit$$

03

$$-(\diamondsuit - \star)$$

$$= -\diamondsuit + \star$$

▶ 정답 및 해설 5쪽

▶ 개념 다지기 1

식을 간단히 쓰세요.

01 $(-7 + \heartsuit) \times (-1)$
$$= 7 - \heartsuit$$

02 $(-1) \times (\triangle + \square - \heartsuit)$
$$= -\triangle - \square + \heartsuit$$

03 $(-1) \times (5 - \bigcirc - \bigcirc)$
$$= -5 + \bigcirc + \bigcirc$$

04 $(\star - \triangledown + \heartsuit) \times (-1)$
$$= -\star + \triangledown - \heartsuit$$

05 $-(A - 27 + B)$
$$= -A + 27 - B$$

06 $-(\triangle + \diamondsuit - \star)$
$$= -\triangle - \diamondsuit + \star$$

▶ 개념 다지기 2

○ 안에 +, −를 알맞게 쓰세요.

01 $2 - 12 + 15$
$$= -(\bigcirc 2 \bigcirc 12 \bigcirc 15)$$
$$\quad\;\; - \quad + \quad -$$

02 $-\square + \triangle$
$$= -(\bigcirc \square \bigcirc \triangle)$$
$$\quad\; + \quad -$$

03 $27 - 63$
$$= -(\bigcirc 27 \bigcirc 63)$$
$$\quad\;\; - \quad +$$

04 $\heartsuit - \diamondsuit + \star$
$$= -(\bigcirc \heartsuit \bigcirc \diamondsuit \bigcirc \star)$$
$$\quad\; - \quad + \quad -$$

05 $-10 - 19 + 8$
$$= -(\bigcirc 10 \bigcirc 19 \bigcirc 8)$$
$$\quad\;\; + \quad + \quad -$$

06 $-\square + \diamondsuit - \triangle$
$$= -(\bigcirc \square \bigcirc \diamondsuit \bigcirc \triangle)$$
$$\quad\; + \quad - \quad +$$

22 23

▶정답 및 해설 6쪽

개념 마무리 1 ※수 앞의 +부호는 생략할 수 있어요.

빈칸에 알맞은 수를 쓰고, 주어진 식을 간단히 하세요.

01 $-\{-(-\triangle)\}$
- $-$ 부호는 $\boxed{3}$개
- $-\{-(-\triangle)\} = -\triangle$

$\ominus$가 홀수 개니까
$\triangle$의 부호 반대

02 $-(-\heartsuit)$
- $-$ 부호는 $\boxed{2}$개
- $-(-\heartsuit) = +\heartsuit \; (=\heartsuit)$

$\ominus$가 짝수 개니까
$\heartsuit$ 그대로

03 $-\{-(+\diamondsuit)\}$
- $-$ 부호는 $\boxed{2}$개
- $-\{-(+\diamondsuit)\} = +\diamondsuit \; (=\diamondsuit)$

$\ominus$가 짝수 개니까
$\diamondsuit$ 그대로

04 $-\{-(-\star)\}$
- $-$ 부호는 $\boxed{3}$개
- $-\{-(-\star)\} = -\star$

$\ominus$가 홀수 개니까
$\star$의 부호 반대

05 $-[-\{-(-2)\}]$
- $-$ 부호는 $\boxed{4}$개
- $-[-\{-(-2)\}] = +2$

$\ominus$가 짝수 개니까
2 그대로

06 $-[-\{-(+5)\}]$
- $-$ 부호는 $\boxed{3}$개
- $-[-\{-(+5)\}] = -5$

$\ominus$가 홀수 개니까
5의 부호 반대

개념 마무리 2

○ 안에는 부호를, □ 안에는 수를 알맞게 쓰세요.

01 $-\left\{-\dfrac{(5-3)}{2}\right\}$
$= \oplus 2$

$-(-2) = +2$

$\ominus$가 짝수 개니까
2 그대로

02 $-\left\{-\dfrac{(-4+3)}{-1}\right\}$
$= \ominus 1$

$-\{-(-1)\} = -1$

$\ominus$가 홀수 개니까
1의 부호 반대

03 $-\left[-\left\{-\dfrac{(10-3)}{7}\right\}\right]$
$= \ominus 7$

$-\{-(-7)\} = -7$

$\ominus$가 홀수 개니까
7의 부호 반대

04 $-\{-(-8+3)\}$
$= \ominus \boxed{5}$

$-\{-(-8+3)\}$
$= -\{-(-5)\} = -5$

$\ominus$가 홀수 개니까
5의 부호 반대

05 $-[-\{-(-2-7)\}]$
$= \oplus \boxed{9}$

$-[-\{-(-2-7)\}]$
$= -[-\{-(-9)\}] = +9$

$\ominus$가 짝수 개니까
9 그대로

06 $-\{-(4-17)\}$
$= \ominus \boxed{13}$

$-\{-(4-17)\}$
$= -\{-(-13)\} = -13$

$\ominus$가 홀수 개니까
13의 부호 반대

24 25

4 정수의 곱셈 (1)

▶정답 및 해설 6쪽

$\square \times (+2)$ **VS** $\square \times (-2)$?

□를 2번 더하라는 뜻!   □를 -2번 더하라는 건가?

$\square \times (\boxed{+}2)$
2번 더해라!

사실 알고 보면~

$\square \times (\boxed{-}2)$
2번 빼라!

무엇에서
□를 2번 빼냐면~

⓪에 □를 **2번 더하기**
➡ $\square \times (+2) = 0 \boxed{+} \square \boxed{+} \square$

⓪에서 □를 **2번 빼기**
➡ $\square \times (-2) = 0 \boxed{-} \square \boxed{-} \square$

(양수) × (음수)
$\underset{+}{} \times \underset{-}{}$

$(+3) \times (-4)$
4번 빼라!

$= ⓪ - (+3) - (+3) - (+3) - (+3)$
$= -3 - 3 - 3 - 3$
$= -(3+3+3+3)$
$= -(3 \times 4)$
$= -12$

$(+3) \times (-4)$
$= -(3 \times 4)$

개념 익히기 1

빈칸을 알맞게 채우고, 곱셈식을 덧셈식 또는 뺄셈식으로 나타내세요.

01 $\square \times (+3)$
➡ 0에 □을 $\boxed{3}$번 더하기
➡ $0 + \square + \square + \square$

02 $\square \times (-4)$
➡ 0에서 □를 $\boxed{4}$번 빼기
➡ $0 - \square - \square - \square - \square$

03 $\square \times (-3)$
➡ 0에서 □를 $\boxed{3}$번 빼기
➡ $0 - \square - \square - \square$

개념 익히기 2

○ 안에는 +, -를, □ 안에는 수를 알맞게 쓰세요.

01 $(+7) \times (-2) = -(7 \times \boxed{2})$

02 $(+5) \times (-3) = \ominus (\boxed{5} \times 3)$

03 $(+4) \times (-9) = \ominus (4 \times \boxed{9})$

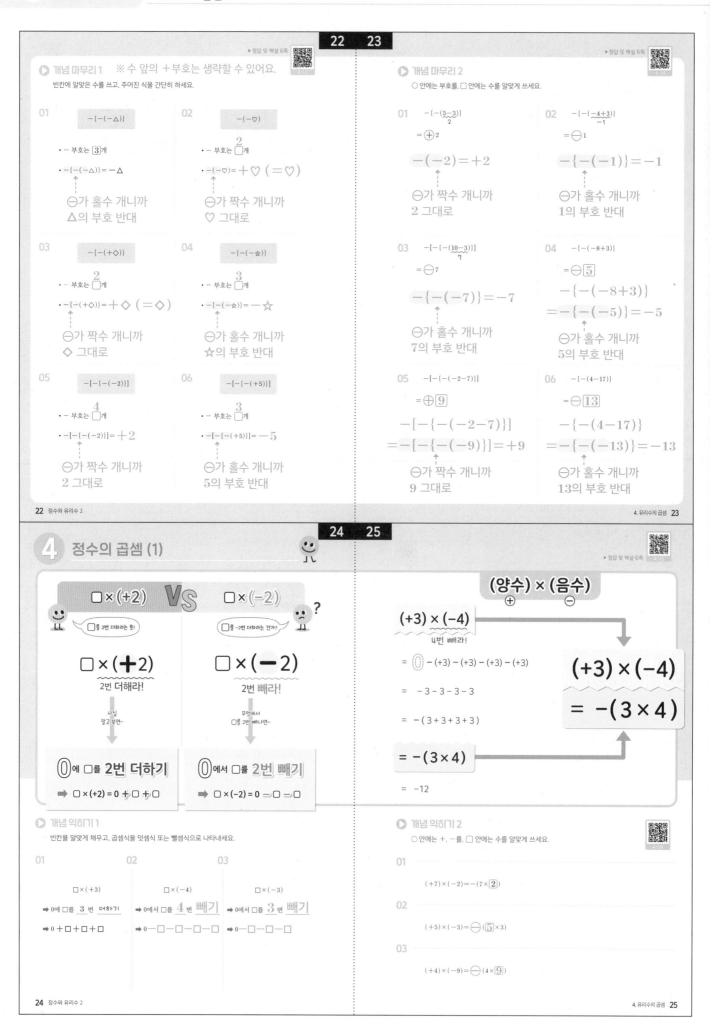

5 정수의 곱셈 (2)

▶정답 및 해설 7쪽

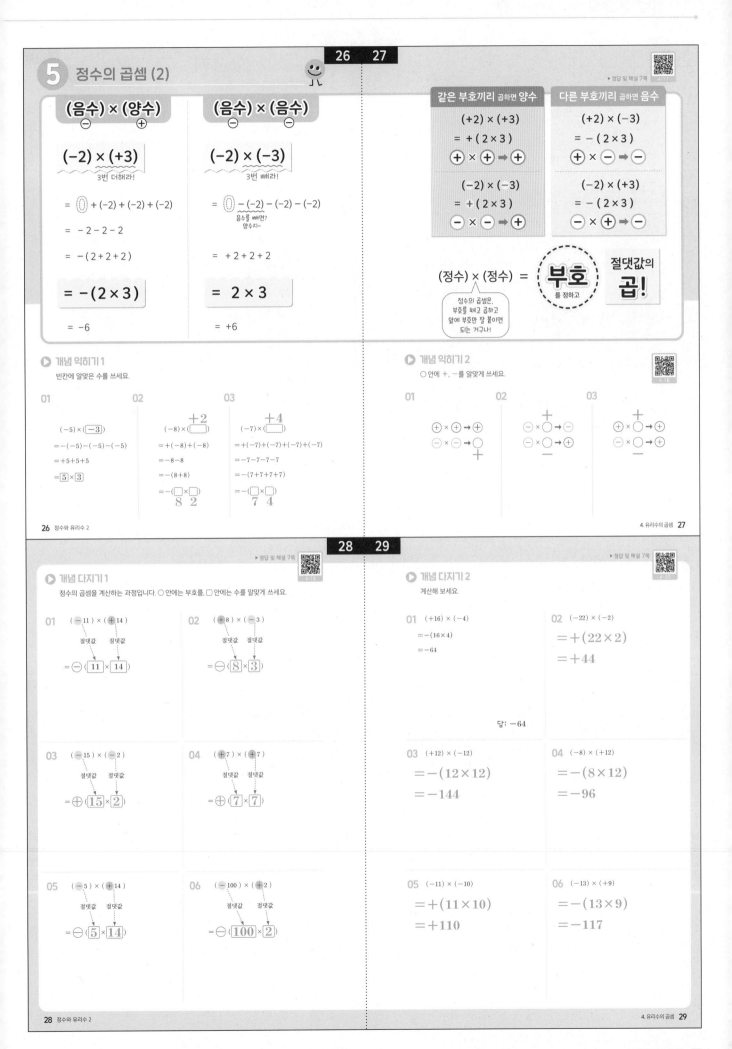

(음수) × (양수)
⊖   ⊕

$(-2) \times (+3)$

3번 더해라!

$= ⓪ + (-2) + (-2) + (-2)$

$= -2 - 2 - 2$

$= -(2+2+2)$

$= -(2 \times 3)$

$= -6$

(음수) × (음수)
⊖   ⊖

$(-2) \times (-3)$

3번 빼라!

$= ⓪ - (-2) - (-2) - (-2)$

음수를 빼면? 양수지~

$= +2 + 2 + 2$

$= 2 \times 3$

$= +6$

같은 부호끼리 곱하면 양수

$(+2) \times (+3)$

$= +(2 \times 3)$

⊕ × ⊕ ➡ ⊕

$(-2) \times (-3)$

$= +(2 \times 3)$

⊖ × ⊖ ➡ ⊕

다른 부호끼리 곱하면 음수

$(+2) \times (-3)$

$= -(2 \times 3)$

⊕ × ⊖ ➡ ⊖

$(-2) \times (+3)$

$= -(2 \times 3)$

⊖ × ⊕ ➡ ⊖

(정수) × (정수) = **부호**를 정하고 절댓값의 **곱!**

정수의 곱셈은, 부호를 떼고 곱하고 앞에 부호만 잘 붙이면 되는 거구나!

개념 익히기 1

빈칸에 알맞은 수를 쓰세요.

01

$(-5) \times (\boxed{-3})$

$= -(-5) - (-5) - (-5)$

$= +5 + 5 + 5$

$= \boxed{5} \times \boxed{3}$

02

$(-8) \times (\boxed{+2})$

$= +(-8) + (-8)$

$= -8 - 8$

$= -(8+8)$

$= -(\boxed{}\times\boxed{})$
    8   2

03

$(-7) \times (\boxed{+4})$

$= +(-7) + (-7) + (-7) + (-7)$

$= -7 - 7 - 7 - 7$

$= -(7+7+7+7)$

$= -(\boxed{}\times\boxed{})$
    7   4

개념 익히기 2

○ 안에 +, −를 알맞게 쓰세요.

01

⊕ × ⊕ ➡ ⊕

⊖ × ⊖ ➡ ○ **+**

02

⊖ × ○ **+** ➡ ⊖

⊖ × ○ ➡ ⊕ **−**

03

⊕ × ○ **+** ➡ ⊕

⊖ × ○ ➡ ⊕ **−**

개념 다지기 1

▶정답 및 해설 7쪽

정수의 곱셈을 계산하는 과정입니다. ○ 안에는 부호를, □ 안에는 수를 알맞게 쓰세요.

01

$(\boxed{-}11) \times (\boxed{+}14)$

절댓값   절댓값

$= ⊖ (\boxed{11} \times \boxed{14})$

02

$(\boxed{+}8) \times (\boxed{-}3)$

절댓값   절댓값

$= ⊖ (\boxed{8} \times \boxed{3})$

03

$(\boxed{-}15) \times (\boxed{-}2)$

절댓값   절댓값

$= ⊕ (\boxed{15} \times \boxed{2})$

04

$(\boxed{+}7) \times (\boxed{+}7)$

절댓값   절댓값

$= ⊕ (\boxed{7} \times \boxed{7})$

05

$(\boxed{-}5) \times (\boxed{+}14)$

절댓값   절댓값

$= ⊖ (\boxed{5} \times \boxed{14})$

06

$(\boxed{-}100) \times (\boxed{+}2)$

절댓값   절댓값

$= ⊖ (\boxed{100} \times \boxed{2})$

개념 다지기 2

▶정답 및 해설 7쪽

계산해 보세요.

01

$(+16) \times (-4)$

$= -(16 \times 4)$

$= -64$

답: -64

02

$(-22) \times (-2)$

$= +(22 \times 2)$

$= +44$

03

$(+12) \times (-12)$

$= -(12 \times 12)$

$= -144$

04

$(-8) \times (+12)$

$= -(8 \times 12)$

$= -96$

05

$(-11) \times (-10)$

$= +(11 \times 10)$

$= +110$

06

$(-13) \times (+9)$

$= -(13 \times 9)$

$= -117$

30쪽 풀이

01 ㉠ $(-6) \times (-3) = +(6 \times 3)$
$= +18$

㉡ $(-6) \times (+3) = -(6 \times 3)$
$= -18$

㉢ $(+6) \times (+2) = +(6 \times 2)$
$= +12$

➡ ㉠ > ㉢ > ㉡

02 ㉠ $(+4) \times (+5) = +(4 \times 5)$
$= +20$

㉡ $(+4) \times (+6) = +(4 \times 6)$
$= +24$

㉢ $(-4) \times (+7) = -(4 \times 7)$
$= -28$

➡ ㉡ > ㉠ > ㉢

03 ㉠ $(-7) \times (+9) = -(7 \times 9)$
$= -63$

㉡ $(+9) \times (+5) = +(9 \times 5)$
$= +45$

㉢ $(+5) \times (-10) = -(5 \times 10)$
$= -50$

➡ ㉡ > ㉢ > ㉠

04 ㉠ $(+8) \times (-3) = -(8 \times 3)$
$= -24$

㉡ $(-8) \times (-3) = +(8 \times 3)$
$= +24$

㉢ $(-8) \times (+8) = -(8 \times 8)$
$= -64$

➡ ㉡ > ㉠ > ㉢

05 ㉠ $(+5) \times (+3) = +(5 \times 3)$
$= +15$

㉡ $(+6) \times (-2) = -(6 \times 2)$
$= -12$

㉢ $(-2) \times (+10) = -(2 \times 10)$
$= -20$

➡ ㉠ > ㉡ > ㉢

06 ㉠ $(+4) \times (-10) = -(4 \times 10)$
$= -40$

㉡ $(+7) \times (-5) = -(7 \times 5)$
$= -35$

㉢ $(-6) \times (-11) = +(6 \times 11)$
$= +66$

➡ ㉢ > ㉡ > ㉠

30

▶ 정답 및 해설 8쪽

▶ 개념 마무리 1

주어진 곱셈식의 계산 결과가 큰 순서대로 기호를 쓰세요.

01
㉠ $(-6) \times (-3)$
㉡ $(-6) \times (+3)$
㉢ $(+6) \times (+2)$

➡ ㉠, ㉢, ㉡

02
㉠ $(+4) \times (+5)$
㉡ $(+4) \times (+6)$
㉢ $(-4) \times (+7)$

➡ ㉡, ㉠, ㉢

03
㉠ $(-7) \times (+9)$
㉡ $(+9) \times (+5)$
㉢ $(+5) \times (-10)$

➡ ㉡, ㉢, ㉠

04
㉠ $(+8) \times (-3)$
㉡ $(-8) \times (-3)$
㉢ $(-8) \times (+8)$

➡ ㉡, ㉠, ㉢

05
㉠ $(+5) \times (+3)$
㉡ $(+6) \times (-2)$
㉢ $(-2) \times (+10)$

➡ ㉠, ㉡, ㉢

06
㉠ $(+4) \times (-10)$
㉡ $(+7) \times (-5)$
㉢ $(-6) \times (-11)$

➡ ㉢, ㉡, ㉠

31쪽 풀이

01 (㉠) × (㉡) = − 6

⊖니까, 곱한 두 수의 부호가 다름 → −

곱이 6인 경우 → 6
1 × 6
2 × 3

→ 조건에 알맞은 곱셈식은
$(+1)\times(-6)$, $(+6)\times(-1)$,
$(+2)\times(-3)$, $(+3)\times(-2)$

02 (㉠) × (㉡) = + 3

⊕니까, 곱한 두 수의 부호가 같음 → +

곱이 3인 경우 → 3
1 × 3

→ 조건에 알맞은 곱셈식은
$(+3)\times(+1)$, $(-1)\times(-3)$

▸정답 및 해설 9쪽

개념 마무리 2

㉠과 ㉡에 알맞은 수를 찾아 정수의 곱셈식을 모두 쓰세요. (단, ㉠>㉡)

01 (㉠) × (㉡) = −6

식①: $(+1)\times(-6)=-6$
식②: $(+6)\times(-1)=-6$
식③: $(+2)\times(-3)=-6$
식④: $(+3)\times(-2)=-6$

02 (㉠) × (㉡) = +3

식①: $(+3)\times(+1)=+3$
식②: $(-1)\times(-3)=+3$

03 (㉠) × (㉡) = +8

식①: $(+8)\times(+1)=+8$
식②: $(-1)\times(-8)=+8$
식③: $(+4)\times(+2)=+8$
식④: $(-2)\times(-4)=+8$

04 (㉠) × (㉡) = −10

식①: $(+1)\times(-10)=-10$
식②: $(+10)\times(-1)=-10$
식③: $(+2)\times(-5)=-10$
식④: $(+5)\times(-2)=-10$

05 (㉠) × (㉡) = −20

식①: $(+1)\times(-20)=-20$
식②: $(+20)\times(-1)=-20$
식③: $(+2)\times(-10)=-20$
식④: $(+10)\times(-2)=-20$
식⑤: $(+4)\times(-5)=-20$
식⑥: $(+5)\times(-4)=-20$

06 (㉠) × (㉡) = +27

식①: $(+27)\times(+1)=+27$
식②: $(-1)\times(-27)=+27$
식③: $(+9)\times(+3)=+27$
식④: $(-3)\times(-9)=+27$

03 (㉠) × (㉡) = + 8

⊕니까, 곱한 두 수의 부호가 같음 → +

곱이 8인 경우 → 8
1 × 8
2 × 4

→ 조건에 알맞은 곱셈식은
$(+8)\times(+1)$, $(-1)\times(-8)$
$(+4)\times(+2)$, $(-2)\times(-4)$

04 (㉠) × (㉡) = − 10

⊖니까, 곱한 두 수의 부호가 다름 → −

곱이 10인 경우 → 10
1 × 10
2 × 5

→ 조건에 알맞은 곱셈식은
$(+1)\times(-10)$, $(+10)\times(-1)$
$(+2)\times(-5)$, $(+5)\times(-2)$

05 (㉠) × (㉡) = − 20

⊖니까, 곱한 두 수의 부호가 다름 → −

곱이 20인 경우 → 20
1 × 20
2 × 10
4 × 5

→ 조건에 알맞은 곱셈식은
$(+1)\times(-20)$, $(+20)\times(-1)$,
$(+2)\times(-10)$, $(+10)\times(-2)$,
$(+4)\times(-5)$, $(+5)\times(-4)$

06 (㉠) × (㉡) = + 27

⊕니까, 곱한 두 수의 부호가 같음 → +

곱이 27인 경우 → 27
1 × 27
3 × 9

→ 조건에 알맞은 곱셈식은
$(+27)\times(+1)$, $(-1)\times(-27)$
$(+9)\times(+3)$, $(-3)\times(-9)$

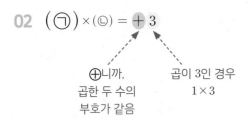

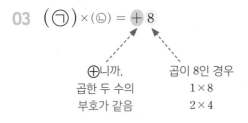

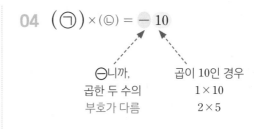

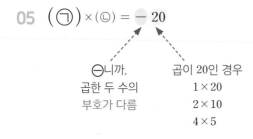

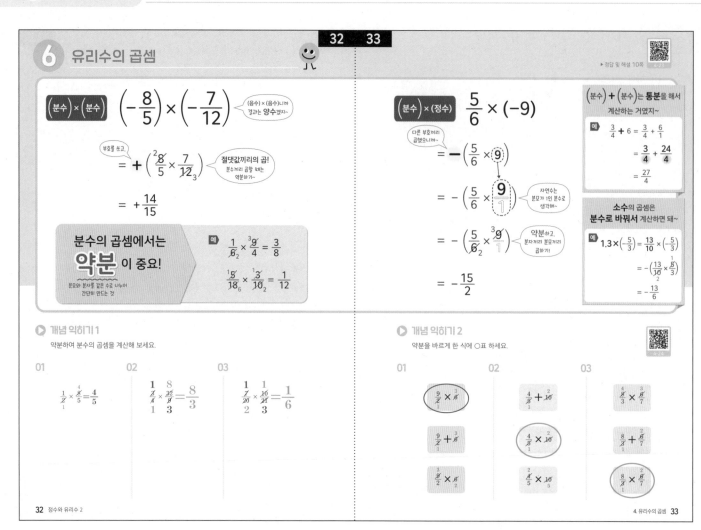

6 유리수의 곱셈

▶ 정답 및 해설 10쪽

$\boxed{\text{분수} \times \text{분수}}$ $\left(-\dfrac{8}{5}\right) \times \left(-\dfrac{7}{12}\right)$ (음수)×(음수)니까 결과는 **양수**겠지~

부호를 쓰고,

$= + \left(\dfrac{\overset{2}{\cancel{8}}}{5} \times \dfrac{7}{\underset{3}{\cancel{12}}}\right)$ 절댓값끼리의 곱! 분수끼리 곱할 때는 약분하기~

$= + \dfrac{14}{15}$

분수의 곱셈에서는 약분이 중요!
분모와 분자를 같은 수로 나누어 간단히 만드는 것

예　$\dfrac{1}{\underset{2}{\cancel{6}}} \times \dfrac{\overset{3}{\cancel{9}}}{4} = \dfrac{3}{8}$

$\dfrac{\overset{1}{\cancel{5}}}{\underset{6}{\cancel{18}}} \times \dfrac{\overset{1}{\cancel{3}}}{\underset{2}{\cancel{10}}} = \dfrac{1}{12}$

$\boxed{\text{분수} \times \text{정수}}$ $\dfrac{5}{6} \times (-9)$

다른 부호끼리 곱했으니까~

$= - \left(\dfrac{5}{6} \times 9\right)$

$= - \left(\dfrac{5}{6} \times \dfrac{9}{1}\right)$ 자연수는 분모가 1인 분수로 생각해~

$= - \left(\dfrac{5}{\underset{2}{\cancel{6}}} \times \dfrac{\overset{3}{\cancel{9}}}{1}\right)$ 약분하고, 분자끼리 분모끼리 곱하기

$= - \dfrac{15}{2}$

$\boxed{\text{분수} + \text{분수}}$는 **통분**을 해서 계산하는 거였지~

예　$\dfrac{3}{4} + 6 = \dfrac{3}{4} + \dfrac{6}{1}$

$= \dfrac{3}{4} + \dfrac{24}{4}$

$= \dfrac{27}{4}$

소수의 곱셈은 분수로 바꿔서 계산하면 돼~

예　$1.3 \times \left(-\dfrac{5}{3}\right) = \dfrac{13}{10} \times \left(-\dfrac{5}{3}\right)$

$= - \left(\dfrac{13}{\underset{2}{\cancel{10}}} \times \dfrac{\cancel{5}}{3}\right)$

$= - \dfrac{13}{6}$

▶ 개념 익히기 1

약분하여 분수의 곱셈을 계산해 보세요.

01

$\dfrac{1}{\underset{1}{\cancel{2}}} \times \dfrac{\overset{4}{\cancel{8}}}{5} = \dfrac{4}{5}$

02

$\dfrac{\overset{1}{\cancel{3}}}{\underset{1}{\cancel{4}}} \times \dfrac{\overset{8}{\cancel{32}}}{\underset{3}{\cancel{9}}} = \dfrac{8}{3}$

03

$\dfrac{\overset{1}{\cancel{7}}}{\underset{2}{\cancel{20}}} \times \dfrac{\overset{1}{\cancel{10}}}{\underset{3}{\cancel{21}}} = \dfrac{1}{6}$

▶ 개념 익히기 2

약분을 바르게 한 식에 ○표 하세요.

01

$\left(\dfrac{\overset{}{\cancel{9}}}{\underset{1}{\cancel{2}}} \times \dfrac{\cancel{8}}{}\right)$ ⭕

$\dfrac{9}{\cancel{2}} + \dfrac{3}{\cancel{8}}$

$\dfrac{9}{\cancel{2}} \times \dfrac{}{\cancel{8}}$

02

$\dfrac{4}{\cancel{8}} + \dfrac{2}{\cancel{10}}$

$\left(\dfrac{4}{\underset{1}{\cancel{8}}} \times \dfrac{\overset{2}{\cancel{10}}}{}\right)$ ⭕

$\dfrac{2}{\cancel{4}} \times \dfrac{}{\cancel{10}}$

03

$\dfrac{4}{\cancel{3}} \times \dfrac{3}{\cancel{7}}$

$\dfrac{8}{\cancel{3}} + \dfrac{2}{\cancel{7}}$

$\left(\dfrac{8}{\underset{1}{\cancel{3}}} \times \dfrac{\cancel{6}}{7}\right)$ ⭕

▶ 개념 다지기 1

계산해 보세요.

01

$$\left(+\frac{1}{4}\right)\times\left(-\frac{16}{5}\right)$$

$$=\ominus\left(\frac{1}{4}\times\frac{\overset{4}{\cancel{16}}}{5}\right)$$

$$=\ominus\boxed{\frac{4}{5}}$$

02

$$\left(+\frac{3}{10}\right)\times\left(-\frac{5}{6}\right)$$

$$=\ominus\left(\frac{\overset{1}{\cancel{3}}}{\underset{2}{\cancel{10}}}\times\frac{\overset{1}{\cancel{5}}}{\underset{2}{\cancel{6}}}\right)$$

$$=\ominus\boxed{\frac{1}{4}}$$

03

$$\left(-\frac{2}{3}\right)\times(+15)$$

$$=\ominus\left(\frac{2}{\underset{1}{\cancel{3}}}\times\overset{5}{\cancel{15}}\right)$$

$$=\ominus\boxed{10}$$

04

$$\left(-\frac{7}{6}\right)\times\left(-\frac{2}{35}\right)$$

$$=+\left(\frac{\overset{1}{\cancel{7}}}{\underset{3}{\cancel{6}}}\times\frac{\overset{1}{\cancel{2}}}{\underset{5}{\cancel{35}}}\right)$$

$$=+\frac{1}{15}$$

05

$$(+18)\times\left(+\frac{9}{2}\right)$$

$$=+\left(\overset{9}{\cancel{18}}\times\frac{9}{\underset{1}{\cancel{2}}}\right)$$

$$=+81$$

06

$$\left(+\frac{11}{14}\right)\times(-28)$$

$$=-\left(\frac{11}{\underset{1}{\cancel{14}}}\times\overset{2}{\cancel{28}}\right)$$

$$=-22$$

▶ 개념 다지기 2

유리수의 덧셈과 곱셈을 계산해 보세요.

01 $\left(+\dfrac{3}{5}\right) \times \left(-\dfrac{8}{5}\right)$

$= -\left(\dfrac{3}{5} \times \dfrac{8}{5}\right)$

$= -\dfrac{24}{25}$

02 $(-6) + \left(-\dfrac{2}{3}\right)$

$= \left(-\dfrac{18}{3}\right) + \left(-\dfrac{2}{3}\right)$

$= -\dfrac{20}{3}$

03 $\left(-\dfrac{3}{2}\right) \times \left(+\dfrac{4}{3}\right)$

$= -\left(\dfrac{\overset{1}{\cancel{3}}}{\underset{1}{\cancel{2}}} \times \dfrac{\overset{2}{\cancel{4}}}{\underset{1}{\cancel{3}}}\right)$

$= -2$

04 $(-0.25) + \left(+\dfrac{7}{4}\right)$

$= \left(-\dfrac{25}{100}\right) + \left(+\dfrac{7}{4}\right)$

$= \left(-\dfrac{1}{4}\right) + \left(+\dfrac{7}{4}\right)$

$= +\dfrac{6}{4}$

$= +\dfrac{3}{2}$

05 $\left(-\dfrac{1}{6}\right) + \left(-\dfrac{5}{6}\right)$

$= -\dfrac{6}{6}$

$= -1$

06 $\left(-\dfrac{1}{8}\right) \times (-0.4)$

$= \left(-\dfrac{1}{8}\right) \times \left(-\dfrac{4}{10}\right)$

$= +\left(\dfrac{1}{\underset{2}{\cancel{8}}} \times \dfrac{\overset{1}{\cancel{4}}}{10}\right)$

$= +\dfrac{1}{20}$

01 두 수의 절댓값이 각각 $\dfrac{8}{3}$, $\dfrac{3}{4}$이고,

두 수의 곱이 음수

　　→ 곱한 두 수의
　　　부호가 다름

→ $-\dfrac{8}{3}$, $+\dfrac{3}{4}$ 또는 $+\dfrac{8}{3}$, $-\dfrac{3}{4}$

02 두 수의 절댓값이 각각 6, $\dfrac{1}{3}$이고,

두 수의 곱이 양수

　　→ 곱한 두 수의
　　　부호가 같음

→ $+6$, $+\dfrac{1}{3}$ 또는 -6, $-\dfrac{1}{3}$

▶ 정답 및 해설 13쪽

◉ 개념 마무리 1

물음에 답하세요.

01 어떤 두 수의 절댓값이 각각 $\dfrac{8}{3}$, $\dfrac{3}{4}$이고
두 수의 곱이 음수일 때, 두 수를 모두 구하세요.

곱한 두 수의
부호가 다름

답: $-\dfrac{8}{3}$, $+\dfrac{3}{4}$ 또는 $+\dfrac{8}{3}$, $-\dfrac{3}{4}$

02 어떤 두 수의 절댓값이 각각 6, $\dfrac{1}{3}$이고
두 수의 곱이 양수일 때, 두 수를 모두 구하세요.

$+6$, $+\dfrac{1}{3}$

또는

-6, $-\dfrac{1}{3}$

03 어떤 두 수의 절댓값이 각각 $\dfrac{1}{10}$, 2.5이고
두 수의 곱이 음수일 때, 두 수를 모두 구하세요.

$-\dfrac{1}{10}$, $+2.5$

또는

$+\dfrac{1}{10}$, -2.5

04 어떤 두 수의 절댓값이 각각 $\dfrac{2}{7}$, $\dfrac{1}{4}$이고
두 수의 합과 곱이 모두 양수일 때, 두 수를 구하세요.

$+\dfrac{2}{7}$, $+\dfrac{1}{4}$

05 어떤 두 수의 절댓값이 각각 $\dfrac{4}{5}$, 0.5이고
두 수의 합이 음수, 곱이 양수일 때, 두 수를 구하세요.

$-\dfrac{4}{5}$, -0.5

06 어떤 두 수의 절댓값이 각각 4, 3.2이고
두 수의 합과 곱이 모두 음수일 때, 두 수를 구하세요.

-4, $+3.2$

36 정수와 유리수 2

---

03 두 수의 절댓값이 각각 $\dfrac{1}{10}$, 2.5이고,

두 수의 곱이 음수

　　→ 곱한 두 수의
　　　부호가 다름

→ $-\dfrac{1}{10}$, $+2.5$ 또는 $+\dfrac{1}{10}$, -2.5

04 두 수의 절댓값이 각각 $\dfrac{2}{7}$, $\dfrac{1}{4}$이고,

두 수의 합과 곱이 양수

　　→ 곱한 두 수의
　　　부호가 같음

→ $+\dfrac{2}{7}$, $+\dfrac{1}{4}$ 또는 $-\dfrac{2}{7}$, $-\dfrac{1}{4}$

→ 합이 양수가 되려면 $+\dfrac{2}{7}$, $+\dfrac{1}{4}$이어야 함

05 두 수의 절댓값이 각각 $\dfrac{4}{5}$, 0.5이고,

두 수의 합이 음수, 곱이 양수

　　→ 곱한 두 수의
　　　부호가 같음

→ $+\dfrac{4}{5}$, $+0.5$ 또는 $-\dfrac{4}{5}$, -0.5

→ 합이 음수가 되려면 $-\dfrac{4}{5}$, -0.5여야 함

06 두 수의 절댓값이 각각 4, 3.2이고,

두 수의 합과 곱이 음수

　　→ 곱한 두 수의
　　　부호가 다름

→ -4, $+3.2$ 또는 $+4$, -3.2

→ 합이 음수가 되려면 -4, $+3.2$여야 함

37쪽 풀이

01

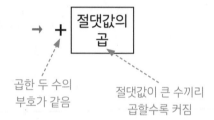

$$\left|+\frac{7}{2}\right|=\frac{7}{2} \qquad |-3|=3 \qquad |+4|=4 \qquad \left|-\frac{1}{3}\right|=\frac{1}{3}$$

(1) 절댓값이 가장 큰 수: $+4$

절댓값이 가장 작은 수: $-\dfrac{1}{3}$

$$\to (+4)\times\left(-\frac{1}{3}\right)=-\frac{4}{3}$$

답 $-\dfrac{4}{3}$

(2) 두 수의 곱이 가장 크려면, 곱이 양수여야 함

→ ┌ **＋** 절댓값의 곱 ┐

곱한 두 수의 부호가 같음

절댓값이 큰 수끼리 곱할수록 커짐

→ 부호가 같은 두 수를 각각 곱해서 비교하기

$$\left(+\frac{7}{2}\right)\times(+4) \quad > \quad (-3)\times\left(-\frac{1}{3}\right)$$
$$\parallel \qquad\qquad\qquad \parallel$$
$$+\left(\frac{7}{\cancel{2}_1}\times\cancel{4}^2\right) \qquad +\left(\cancel{3}^1\times\frac{1}{\cancel{3}_1}\right)$$
$$\parallel \qquad\qquad\qquad \parallel$$
$$+14 \qquad\qquad\quad +1$$

답 $+14$

02

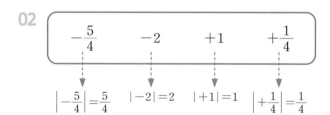

$$\left|-\frac{5}{4}\right|=\frac{5}{4} \qquad |-2|=2 \qquad |+1|=1 \qquad \left|+\frac{1}{4}\right|=\frac{1}{4}$$

(1) 절댓값이 가장 큰 수: -2

절댓값이 가장 작은 수: $+\dfrac{1}{4}$

$$\to (-2)\times\left(+\frac{1}{4}\right)=-\left(\cancel{2}^1\times\frac{1}{\cancel{4}_2}\right)$$
$$=-\frac{1}{2}$$

답 $-\dfrac{1}{2}$

---

(2) 두 수의 곱이 가장 크려면, 곱이 양수여야 함

→ ┌ **＋** 절댓값의 곱 ┐

곱한 두 수의 부호가 같음

절댓값이 큰 수끼리 곱할수록 커짐

→ 부호가 같은 두 수를 각각 곱해서 비교하기

$$\left(-\frac{5}{4}\right)\times(-2) \quad > \quad (+1)\times\left(+\frac{1}{4}\right)$$
$$\parallel \qquad\qquad\qquad \parallel$$
$$+\left(\frac{5}{\cancel{4}_2}\times\cancel{2}^1\right) \qquad +\left(1\times\frac{1}{4}\right)$$
$$\parallel \qquad\qquad\qquad \parallel$$
$$+\frac{5}{2} \qquad\qquad\quad +\frac{1}{4}$$

답 $+\dfrac{5}{2}$

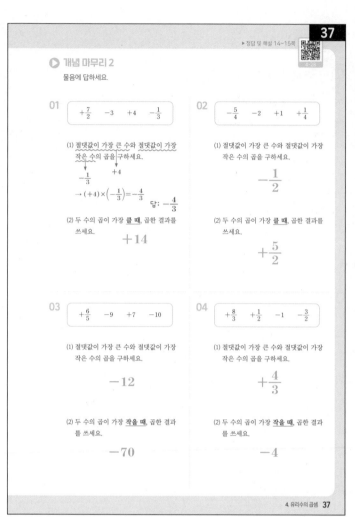

37

▶ 정답 및 해설 14~15쪽

▶ 개념 마무리 2

물음에 답하세요.

01 $\boxed{+\frac{7}{2} \quad -3 \quad +4 \quad -\frac{1}{3}}$

(1) 절댓값이 가장 큰 수와 절댓값이 가장 작은 수의 곱을 구하세요.

$$\to (+4)\times\left(-\frac{1}{3}\right)=-\frac{4}{3} \quad 답: -\frac{4}{3}$$

(2) 두 수의 곱이 가장 **클 때**, 곱한 결과를 쓰세요.

$$+14$$

02 $\boxed{-\frac{5}{4} \quad -2 \quad +1 \quad +\frac{1}{4}}$

(1) 절댓값이 가장 큰 수와 절댓값이 가장 작은 수의 곱을 구하세요.

$$-\frac{1}{2}$$

(2) 두 수의 곱이 가장 **클 때**, 곱한 결과를 쓰세요.

$$+\frac{5}{2}$$

03 $\boxed{+\frac{6}{5} \quad -9 \quad +7 \quad -10}$

(1) 절댓값이 가장 큰 수와 절댓값이 가장 작은 수의 곱을 구하세요.

$$-12$$

(2) 두 수의 곱이 가장 **작을 때**, 곱한 결과를 쓰세요.

$$-70$$

04 $\boxed{+\frac{8}{3} \quad +\frac{1}{2} \quad -1 \quad -\frac{3}{2}}$

(1) 절댓값이 가장 큰 수와 절댓값이 가장 작은 수의 곱을 구하세요.

$$+\frac{4}{3}$$

(2) 두 수의 곱이 가장 **작을 때**, 곱한 결과를 쓰세요.

$$-4$$

4. 유리수의 곱셈 **37**

03

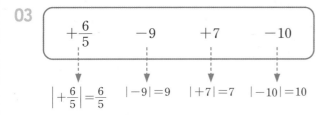

$$\left|+\frac{6}{5}\right|=\frac{6}{5} \quad |-9|=9 \quad |+7|=7 \quad |-10|=10$$

(1) 절댓값이 가장 큰 수: -10

절댓값이 가장 작은 수: $+\frac{6}{5}$

$\rightarrow (-10)\times\left(+\frac{6}{5}\right)=-\left(\overset{2}{10}\times\frac{6}{5_1}\right)=-12$

답 -12

(2) 두 수의 곱이 가장 작으려면, 곱이 음수여야 함

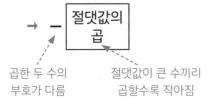

곱한 두 수의
부호가 다름

절댓값이 큰 수끼리
곱할수록 작아짐

네 수 중에서 절댓값이 가장 큰 수는 -10(음수)이므로,
양수 중에서 절댓값이 가장 큰 $+7$을 고르면 됨

$\rightarrow (-10)\times(+7)=-70$

답 -70

04

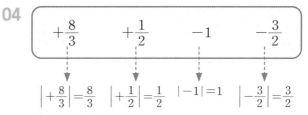

$$\left|+\frac{8}{3}\right|=\frac{8}{3} \quad \left|+\frac{1}{2}\right|=\frac{1}{2} \quad |-1|=1 \quad \left|-\frac{3}{2}\right|=\frac{3}{2}$$

(1) 절댓값이 가장 큰 수: $+\frac{8}{3}$

절댓값이 가장 작은 수: $+\frac{1}{2}$

$\rightarrow \left(+\frac{8}{3}\right)\times\left(+\frac{1}{2}\right)=+\left(\frac{\overset{4}{8}}{3}\times\frac{1}{2_1}\right)=+\frac{4}{3}$

답 $+\frac{4}{3}$

(2) 두 수의 곱이 가장 작으려면, 곱이 음수여야 함

곱한 두 수의
부호가 다름

절댓값이 큰 수끼리
곱할수록 작아짐

네 수 중에서 절댓값이 가장 큰 수는 $+\frac{8}{3}$(양수)이므로,

음수 중에서 절댓값이 가장 큰 $-\frac{3}{2}$을 고르면 됨

$\rightarrow \left(+\frac{8}{3}\right)\times\left(-\frac{3}{2}\right)=-\left(\frac{\overset{4}{8}}{3_1}\times\frac{\overset{1}{3}}{2_1}\right)=-4$

답 -4

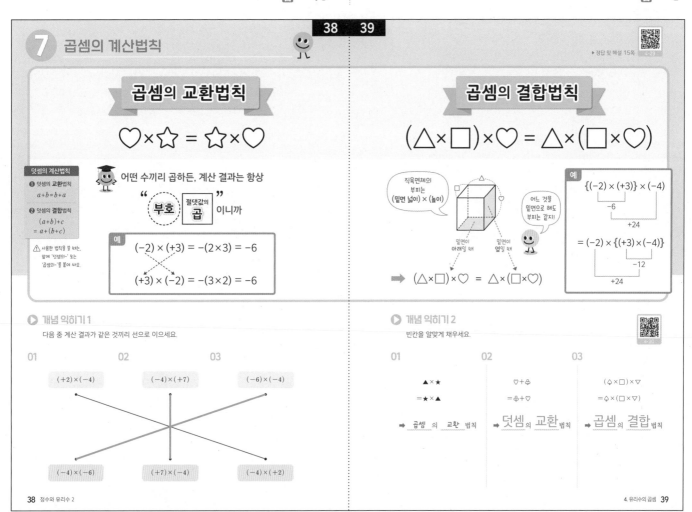

40 41

▶ 정답 및 해설 16쪽
▶ 정답 및 해설 16쪽

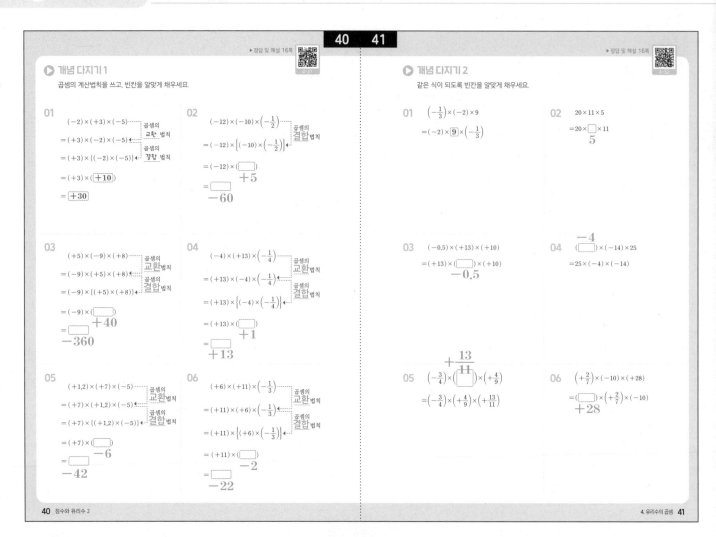

개념 다지기 1

곱셈의 계산법칙을 쓰고, 빈칸을 알맞게 채우세요.

01
$(-2) \times (+3) \times (-5)$
$= (+3) \times (-2) \times (-5)$ ◀ 곱셈의 **교환** 법칙
$= (+3) \times \{(-2) \times (-5)\}$ ◀ 곱셈의 **결합** 법칙
$= (+3) \times (\boxed{+10})$
$= \boxed{+30}$

02
$(-12) \times (-10) \times \left(-\frac{1}{2}\right)$
$= (-12) \times \left\{(-10) \times \left(-\frac{1}{2}\right)\right\}$ ◀ 곱셈의 **결합** 법칙
$= (-12) \times (\boxed{+5})$
$= \boxed{-60}$

03
$(+5) \times (-9) \times (+8)$
$= (-9) \times (+5) \times (+8)$ ◀ 곱셈의 **교환** 법칙
$= (-9) \times \{(+5) \times (+8)\}$ ◀ 곱셈의 **결합** 법칙
$= (-9) \times (\boxed{+40})$
$= \boxed{-360}$

04
$(-4) \times (+13) \times \left(-\frac{1}{4}\right)$
$= (+13) \times (-4) \times \left(-\frac{1}{4}\right)$ ◀ 곱셈의 **교환** 법칙
$= (+13) \times \left\{(-4) \times \left(-\frac{1}{4}\right)\right\}$ ◀ 곱셈의 **결합** 법칙
$= (+13) \times (\boxed{+1})$
$= \boxed{+13}$

05
$(+1.2) \times (+7) \times (-5)$
$= (+7) \times (+1.2) \times (-5)$ ◀ 곱셈의 **교환** 법칙
$= (+7) \times \{(+1.2) \times (-5)\}$ ◀ 곱셈의 **결합** 법칙
$= (+7) \times (\boxed{-6})$
$= \boxed{-42}$

06
$(+6) \times (+11) \times \left(-\frac{1}{3}\right)$
$= (+11) \times (+6) \times \left(-\frac{1}{3}\right)$ ◀ 곱셈의 **교환** 법칙
$= (+11) \times \left\{(+6) \times \left(-\frac{1}{3}\right)\right\}$ ◀ 곱셈의 **결합** 법칙
$= (+11) \times (\boxed{-2})$
$= \boxed{-22}$

개념 다지기 2

같은 식이 되도록 빈칸을 알맞게 채우세요.

01
$\left(-\frac{1}{3}\right) \times (-2) \times 9$
$= (-2) \times \boxed{9} \times \left(-\frac{1}{3}\right)$

02
$20 \times 11 \times 5$
$= 20 \times \boxed{5} \times 11$

03
$(-0.5) \times (+13) \times (+10)$
$= (+13) \times (\boxed{-0.5}) \times (+10)$

04
$(\boxed{-4}) \times (-14) \times 25$
$= 25 \times (-4) \times (-14)$

05
$\left(-\frac{3}{4}\right) \times \left(\boxed{+\frac{13}{11}}\right) \times \left(+\frac{4}{9}\right)$
$= \left(-\frac{3}{4}\right) \times \left(+\frac{4}{9}\right) \times \left(+\frac{13}{11}\right)$

06
$\left(+\frac{2}{7}\right) \times (-10) \times (+28)$
$= (\boxed{+28}) \times \left(+\frac{2}{7}\right) \times (-10)$

▶ 개념 마무리 1

먼저 계산하는 것이 편한 두 수를 찾아 ○표 하고, 계산해 보세요.

정답 및 해설

01 $(-5) \times (+2.3) \times (-4)$

$= \{(-5) \times (-4)\} \times (+2.3)$

$= (+20) \times (+2.3)$

$= +46$

답: $+46$

02 $(+2) \times (-13) \times (+5)$

$= \{(+2) \times (+5)\} \times (-13)$

$= (+10) \times (-13)$

$= -130$

03 $(+19) \times (+8) \times \left(-\dfrac{1}{4}\right)$

$= (+19) \times \left\{-\left(\overset{2}{\cancel{8}} \times \dfrac{1}{\cancel{4}_{1}}\right)\right\}$

$= (+19) \times (-2)$

$= -38$

04 $(-0.01) \times \left(+\dfrac{10}{3}\right) \times (-100)$

$= \{(-0.01) \times (-100)\} \times \left(+\dfrac{10}{3}\right)$

$= (+1) \times \left(+\dfrac{10}{3}\right)$

$= +\dfrac{10}{3}$

05 $(+6) \times \left(+\dfrac{5}{7}\right) \times \left(-\dfrac{7}{5}\right)$

$= (+6) \times \left\{-\left(\dfrac{\overset{1}{\cancel{5}}}{\cancel{7}_{1}} \times \dfrac{\overset{1}{\cancel{7}}}{\cancel{5}_{1}}\right)\right\}$

$= (+6) \times (-1)$

$= -6$

06 $\left(-\dfrac{2}{7}\right) \times (-4.5) \times (-7)$

$= \left\{+\left(\dfrac{2}{\cancel{7}_{1}} \times \overset{1}{\cancel{7}}\right)\right\} \times (-4.5)$

$= (+2) \times (-4.5)$

$= -9$

▶ 개념 마무리 2

주어진 식을 이용하여 다음을 계산해 보세요.

01

$$\triangle \times \square = 3$$

$\triangle \times (-2) \times \square$

$= \underset{3}{\underline{\triangle \times \square}} \times (-2)$

$= 3 \times (-2)$

$= -6$

답: -6

02

$$\blacktriangledown \times \stackrel{\star}{\approx} = 5$$

$(+3) \times \underset{5}{\underline{\blacktriangledown \times \stackrel{\star}{\approx}}} = (+3) \times 5$

$\qquad = +15$

03

$$\bigcirc \times \bigcirc = -4$$

$\bigcirc \times (-\bigcirc) = -(\underset{-4}{\underline{\bigcirc \times \bigcirc}})$

$\qquad = -(-4)$

$\qquad = +4$

04

$$\bigcirc \times \heartsuit = -2$$

$(-\heartsuit) \times (-\bigcirc) = +(\underset{-2}{\underline{\heartsuit \times \bigcirc}})$

$\qquad = +(-2)$

$\qquad = -2$

05

$$㉮ \times ㉯ = -1, \quad ㉰ \times ㉱ = 6$$

$㉮ \times ㉱ \times ㉰ \times ㉯ = \underset{-1}{\underline{㉮ \times ㉯}} \; \underset{6}{\underline{㉰ \times ㉱}}$

$\qquad\qquad = (-1) \times 6$

$\qquad\qquad = -6$

06

$$ⓐ \times ⓑ = -8, \quad ⓒ \times ⓓ = -7$$

$ⓑ \times ⓓ \times (-ⓐ) \times (-ⓒ)$

$= (-ⓐ) \times ⓑ \times (-ⓒ) \times ⓓ$

$= \{-(\underset{-8}{\underline{ⓐ \times ⓑ}})\} \times \{-(\underset{-7}{\underline{ⓒ \times ⓓ}})\}$

$= \{-(-8)\} \times \{-(-7)\}$

$= (+8) \times (+7)$

$= +56$

8 여러 수의 곱셈

▶정답 및 해설 19쪽

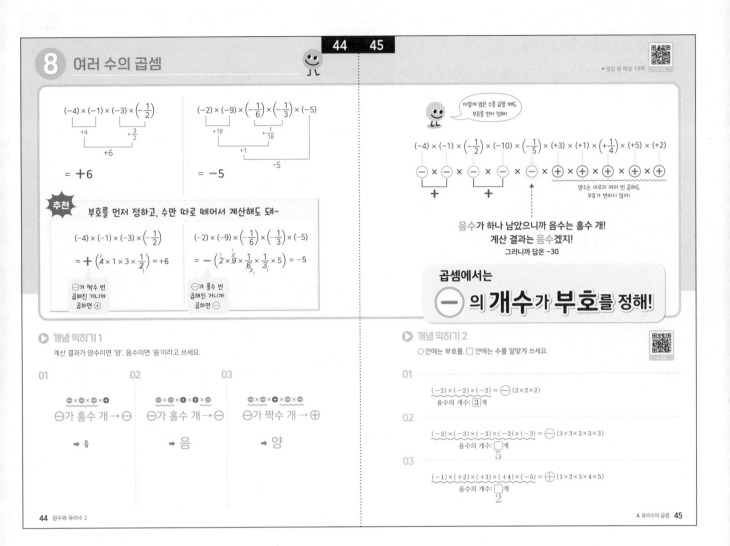

추천 부호를 먼저 정하고, 수만 따로 떼어서 계산해도 돼~

$(-4) \times (-1) \times (-3) \times \left(-\frac{1}{2}\right)$

$= + \left(\overset{2}{\cancel{4}} \times 1 \times 3 \times \frac{1}{\cancel{2}_1}\right) = +6$

⊖가 짝수 번 곱해진 거니까 곱하면 ⊕

$(-2) \times (-9) \times \left(-\frac{1}{6}\right) \times \left(-\frac{1}{3}\right) \times (-5)$

$= - \left(\frac{1}{\cancel{2}} \times \overset{3}{\cancel{9}} \times \frac{1}{\cancel{6}} \times \frac{1}{\cancel{3}_1} \times 5\right) = -5$

⊖가 홀수 번 곱해진 거니까 곱하면 ⊖

이렇게 많은 수를 곱할 때도 부호를 먼저 정해!

음수가 하나 남았으니까 음수는 홀수 개!
계산 결과는 음수겠지!
그러니까 답은 -30

곱셈에서는 ⊖ 의 개수가 부호를 정해!

▶ **개념 익히기 1**

계산 결과가 양수이면 '양', 음수이면 '음'이라고 쓰세요.

01

⊖×⊖×⊖×⊕

⊖가 홀수 개 → ⊖

➡ 음

02

⊖×⊖×⊕×⊕×⊖

⊖가 홀수 개 → ⊖

➡ 음

03

⊖×⊖×⊕×⊖×⊖

⊖가 짝수 개 → ⊕

➡ 양

▶ **개념 익히기 2**

○ 안에는 부호를, □ 안에는 수를 알맞게 쓰세요.

01

$\underline{(-2) \times (-2) \times (-2)} = \bigominus (2 \times 2 \times 2)$
음수의 개수: ③개

02

$\underline{(-3) \times (-3) \times (-3) \times (-3) \times (-3)} = \bigominus (3 \times 3 \times 3 \times 3 \times 3)$
음수의 개수: ⑤개

03

$\underline{(-1) \times (+2) \times (+3) \times (+4) \times (-5)} = \bigoplus (1 \times 2 \times 3 \times 4 \times 5)$
음수의 개수: ②개

▶ 개념 다지기 1

곱셈식에서 음수의 개수를 세어 ○ 안에 알맞은 부호를 쓰고, 계산해 보세요.

01 $(-2) \times (-3) \times (+5) \times (+3)$

$= \oplus (2 \times 3 \times 5 \times 3)$

$= +90$

02 $(+4) \times (-1) \times (+6)$

$= \ominus (4 \times 1 \times 6)$

$= -24$

03 $(-8) \times \left(-\dfrac{1}{6}\right) \times (+3)$

$= \oplus \left(\overset{4}{\cancel{8}} \times \dfrac{1}{\cancel{6}} \times \dfrac{1}{\cancel{3}}\right)$

$= +4$

04 $(-3) \times (+3) \times (-3) \times \left(-\dfrac{1}{9}\right)$

$= \ominus \left(\overset{1}{\cancel{3}} \times \overset{1}{\cancel{3}} \times 3 \times \dfrac{1}{\cancel{9}}\right)$

$= -3$

05 $(-1) \times (-2) \times (-3) \times (-4)$

$= \oplus (1 \times 2 \times 3 \times 4)$

$= +24$

06 $(-2) \times (+5) \times (+4) \times \left(-\dfrac{1}{10}\right)$

$= \oplus \left(\overset{1}{\cancel{2}} \times \overset{1}{\cancel{5}} \times 4 \times \dfrac{1}{\cancel{10}}\right)$

$= +4$

▶ **개념 다지기 2**

계산해 보세요.

정답 및 해설

01 $(+4) \times (+8) \times \left(-\dfrac{1}{4}\right) \times (-2)$

$= + \left(\overset{1}{\cancel{4}} \times 8 \times \dfrac{1}{\underset{1}{\cancel{4}}} \times 2 \right)$

$= +16$

답: $+16$

02 $\left(-\dfrac{1}{10}\right) \times (-2) \times (+5)$

$= + \left(\dfrac{1}{\cancel{10}} \times \overset{1}{\cancel{2}} \times \overset{1}{\cancel{5}} \right)$
$ \underset{1}{\cancel{2}}$

$= +1$

03 $(-12) \times \left(-\dfrac{1}{3}\right) \times \left(-\dfrac{1}{2}\right)$

$= - \left(\overset{2}{\cancel{12}} \times \dfrac{1}{\underset{1}{\cancel{3}}} \times \dfrac{1}{\underset{1}{\cancel{2}}} \right)$

$= -2$

04 $(-7) \times \left(-\dfrac{1}{14}\right) \times (+8)$

$= + \left(\dfrac{1}{\cancel{7}} \times \dfrac{1}{\cancel{14}} \times \overset{4}{\cancel{8}} \right)$
$ \underset{1}{\cancel{2}}$

$= +4$

05 $\left(-\dfrac{2}{5}\right) \times (+10) \times (+22) \times \left(-\dfrac{1}{4}\right)$

$= + \left(\dfrac{2}{\underset{1}{\cancel{5}}} \times \overset{\overset{1}{\cancel{2}}}{\cancel{10}} \times \overset{11}{\cancel{22}} \times \dfrac{1}{\underset{\underset{1}{\cancel{2}}}{\cancel{4}}} \right)$

$= +22$

06 $\left(-\dfrac{7}{30}\right) \times (-3) \times (+5) \times (-2)$

$= - \left(\dfrac{7}{\cancel{30}} \times \overset{1}{\cancel{3}} \times \overset{1}{\cancel{5}} \times \overset{1}{\cancel{2}} \right)$
$ \overset{\cancel{10}}{\underset{1}{\cancel{2}}}$

$= -7$

▶ 개념 마무리 1

계산해 보세요.

01 $\left(+\dfrac{1}{2}\right) \times \left(-\dfrac{2}{3}\right) \times \left(+\dfrac{3}{4}\right) \times \left(-\dfrac{4}{5}\right)$

$= +\left(\dfrac{1}{2} \times \dfrac{\cancel{2}}{\cancel{3}} \times \dfrac{\cancel{3}}{\cancel{4}} \times \dfrac{\cancel{4}}{5}\right)$

$= +\dfrac{1}{5}$

답: $+\dfrac{1}{5}$

02 $\left(-\dfrac{a}{b}\right) \times \left(+\dfrac{b}{c}\right) \times \left(-\dfrac{c}{a}\right)$

$= +\left(\dfrac{\cancel{a}}{\cancel{b}} \times \dfrac{\cancel{b}}{\cancel{c}} \times \dfrac{\cancel{c}}{\cancel{a}}\right)$

$= +1$

03 $\left(-\dfrac{a}{b}\right) \times \left(+\dfrac{b}{a}\right) \times \left(-\dfrac{d}{c}\right) \times \left(-\dfrac{c}{d}\right)$

$= -\left(\dfrac{\cancel{a}}{\cancel{b}} \times \dfrac{\cancel{b}}{\cancel{a}} \times \dfrac{\cancel{d}}{\cancel{c}} \times \dfrac{\cancel{c}}{\cancel{d}}\right)$

$= -1$

04 $\left(+\dfrac{1}{3}\right) \times \left(-\dfrac{3}{5}\right) \times \left(+\dfrac{5}{7}\right) \times \left(-\dfrac{7}{9}\right)$

$= +\left(\dfrac{1}{3} \times \dfrac{\cancel{3}}{\cancel{5}} \times \dfrac{\cancel{5}}{\cancel{7}} \times \dfrac{\cancel{7}}{9}\right)$

$= +\dfrac{1}{9}$

05 $\left(-\dfrac{1}{3}\right) \times \left(-\dfrac{2}{4}\right) \times \left(-\dfrac{3}{5}\right) \times \left(-\dfrac{4}{6}\right) \times \left(-\dfrac{5}{7}\right)$

$= -\left(\dfrac{1}{\cancel{3}} \times \dfrac{\cancel{2}}{\cancel{4}} \times \dfrac{\cancel{3}}{\cancel{5}} \times \dfrac{\cancel{4}}{\cancel{6}} \times \dfrac{\cancel{5}}{7}\right)$

$= -\dfrac{1}{21}$

06 $\left(\dfrac{1}{2}-1\right) \times \left(\dfrac{1}{3}-1\right) \times \left(\dfrac{1}{4}-1\right) \times \left(\dfrac{1}{5}-1\right)$

$= \left(-\dfrac{1}{2}\right) \times \left(-\dfrac{2}{3}\right) \times \left(-\dfrac{3}{4}\right) \times \left(-\dfrac{4}{5}\right)$

$= +\left(\dfrac{1}{2} \times \dfrac{\cancel{2}}{\cancel{3}} \times \dfrac{\cancel{3}}{\cancel{4}} \times \dfrac{\cancel{4}}{5}\right)$

$= +\dfrac{1}{5}$

01 세 수를 곱한 값이 가장 커지려면?

→ **곱이 양수여야 함**

세 수의 곱이 양수가 되는 경우는

$\oplus \times \oplus \times \oplus$ 또는 $\ominus \times \ominus \times \oplus$

주어진 수 카드 중에서 **양수는 +7 하나뿐**이므로,

$\ominus \times \ominus \times (+7)$이 되어야 함

이 두 음수의 곱이
가장 큰 경우를 찾으면 됨

→ **절댓값이 큰 음수끼리** 곱해야 함

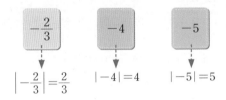

$$\left|-\frac{2}{3}\right|=\frac{2}{3} \qquad |-4|=4 \qquad |-5|=5$$

→ $(-4) \times (-5) = +20$이 가장 큼

➡ 따라서, 곱한 값이 가장 커지는 경우는
$$(-4) \times (-5) \times (+7) = +140$$

답

02 세 수를 곱한 값이 가장 커지려면?

→ **곱이 양수여야 함**

세 수의 곱이 양수가 되는 경우는

$\oplus \times \oplus \times \oplus$ 또는 $\ominus \times \ominus \times \oplus$

주어진 수 카드 중에서는 **음수가 없으므로**,

$\oplus \times \oplus \times \oplus$가 되어야 함

세 양수의 곱이 가장 커지려면
최대한 큰 수끼리 곱해야 함

→ 가장 작은 $+\frac{1}{4}$을 빼고, 나머지 세 수를 곱하면 됨

➡ 따라서, 곱한 값이 가장 커지는 경우는
$$(+8) \times (+12) \times (+3) = +288$$

답

▶ 정답 및 해설 23~24쪽

▶ **개념 마무리 2**

수 카드 4장 중에 3장을 골라서 곱한 값이 다음과 같이 되도록, 알맞은 카드 3장에 ○표 하세요.

01 곱한 값이 **가장 클 때**

$-\frac{2}{3}$ ⟨-4⟩ ⟨$+7$⟩ ⟨-5⟩

02 곱한 값이 **가장 클 때**

⟨$+8$⟩ ⟨$+\frac{1}{4}$⟩ ⟨$+12$⟩ ⟨$+3$⟩

03 곱한 값이 **가장 클 때**

⟨-1⟩ ⟨-9⟩ $+\frac{5}{6}$ ⟨$+2$⟩

04 곱한 값이 **가장 작을 때**

⟨$+\frac{5}{7}$⟩ ⟨-21⟩ -1 ⟨$+7$⟩

05 곱한 값이 **가장 작을 때**

⟨-9⟩ $+25$ ⟨-5⟩ ⟨$-\frac{6}{15}$⟩

06 곱한 값이 **가장 작을 때**

⟨-8⟩ $+\frac{11}{8}$ ⟨$+10$⟩ ⟨$+4$⟩

03 세 수를 곱한 값이 가장 커지려면?

→ **곱이 양수여야 함**

세 수의 곱이 양수가 되는 경우는

$\oplus \times \oplus \times \oplus$ 또는 $\ominus \times \ominus \times \oplus$

주어진 수 카드 중에서 **양수는 2개, 음수도 2개**이므로,

$(-1) \times (-9) \times \oplus$가 되어야 함

이 양수가 가장 큰 경우를
찾으면 됨

→ $+\frac{5}{6} < +2$이므로, 곱한 값이 가장 커지는 경우는
$$(-1) \times (-9) \times (+2) = +18$$

답

49쪽 풀이

04 세 수를 곱한 값이 가장 작아지려면?

→ **곱이 음수여야 함**

세 수의 곱이 음수가 되는 경우는

$\ominus \times \oplus \times \oplus$ 또는 $\ominus \times \ominus \times \ominus$

주어진 수 카드 중에서 **음수는 2개, 양수도 2개**이므로,

$\ominus \times \left(+\dfrac{5}{7}\right) \times (+7)$이 되어야 함

이 음수가 가장 작은 경우를
찾으면 됨

→ $-21 < -1$이므로, 곱한 값이 가장 작아지는 경우는

$$(-21) \times \left(+\dfrac{5}{7}\right) \times (+7) = -\left(21 \times \dfrac{5}{\cancel{7}} \times \cancel{7}^{1}\right)$$
$$= -105$$

답

05 세 수를 곱한 값이 가장 작아지려면?

→ **곱이 음수여야 함**

세 수의 곱이 음수가 되는 경우는

$\ominus \times \oplus \times \oplus$ 또는 $\ominus \times \ominus \times \ominus$

주어진 수 카드 중에서 **음수는 3개**이므로,
세 음수를 모두 곱하면 됨

→ 따라서, 곱한 값이 가장 작아지는 경우는

$$(-9) \times (-5) \times \left(-\dfrac{6}{15}\right) = -\left(\cancel{9}^{3} \times \cancel{5}^{1} \times \dfrac{6}{\cancel{15}}\right)$$
$$= -18$$

답

06 세 수를 곱한 값이 가장 작아지려면?

→ **곱이 음수여야 함**

세 수의 곱이 음수가 되는 경우는

$\ominus \times \oplus \times \oplus$ 또는 $\ominus \times \ominus \times \ominus$

주어진 수 카드 중에서 **음수는 -8 하나뿐**이므로,

$(-8) \times \oplus \times \oplus$가 되어야 함

이 두 양수의 곱이 커질수록
세 수를 곱한 음수의 크기가 작아짐

→ **최대한 큰 양수끼리 곱**해야 하므로,

가장 작은 $+\dfrac{11}{8}$을 빼고 나머지 두 수를 곱하면 됨

→ 따라서, 곱한 값이 가장 작아지는 경우는

$(-8) \times (+10) \times (+4) = -320$

답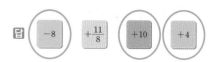

01
① $-(+4)=-4$

② $+(-4)=-4$

③ $(+1)\times(-4)=-4$

④ $-(-4)=+4$

⑤ $(+4)\times(-1)=-4$

답 ④

03
$$-\{-(-7+12)\}$$
$$=-\{-(+5)\}=+5$$

⊖가 짝수 개니까
$+5$ 그대로

답 $+5$

단원 마무리

4. 유리수의 곱셈

01 다음 중 -4와 다른 것은? ④
① $-(+4)$ ② $+(-4)$
③ $(+1)\times(-4)$ ④ $-(-4)$
⑤ $(+4)\times(-1)$

02 다음 식을 괄호를 생략하여 간단히 쓰시오.
$$-(-\square+\triangle-\bigcirc)$$
$$=\square-\triangle+\bigcirc$$

03 ◯안에는 부호를, ☐안에는 수를 알맞게 쓰시오.
$$-\{-(-7+12)\}=\boxed{+}\boxed{5}$$

04 곱셈식을 덧셈식 또는 뺄셈식으로 바르게 쓴 것은? ④
① $(+6)\times(+3)$
$=-(+6)-(+6)-(+6)$
② $(-5)\times(-2)$
$=(-5)+(-5)$
③ $(+1)\times(-3)$
$=(+1)+(+1)+(+1)$
④ $(-2)\times(-4)$
$=-(-2)-(-2)-(-2)-(-2)$
⑤ $(+4)\times(-1)$
$=-(+4)-(+4)-(+4)$

05 다음 계산 중 옳지 않은 것은? ⑤
① $(+10)\times(-4)=-40$
② $(-6)\times(-5)=+30$
③ $(+4)\times(+7)=+28$
④ $(-2)\times(+11)=-22$
⑤ $(+9)\times(-8)=+72$

04
① $(+6)\times(+3)$
$+6$을 $\quad$ 3번 더해라!
$=(+6)+(+6)+(+6)$
$\neq-(+6)-(+6)-(+6)$
→ $+6$을 3번 뺀 것

② $(-5)\times(-2)$
-5를 $\quad$ 2번 빼라!
$=-(-5)-(-5)$
$\neq(-5)+(-5)$
→ -5를 2번 더한 것

③ $(+1)\times(-3)$
$+1$을 $\quad$ 3번 빼라!
$=-(+1)-(+1)-(+1)$
$\neq(+1)+(+1)+(+1)$
→ $+1$을 3번 더한 것

④ $(-2)\times(-4)$
-2를 $\quad$ 4번 빼라!
$=-(-2)-(-2)-(-2)-(-2)$

⑤ $(+4)\times(-1)$
$+4$를 $\quad$ 1번 빼라!
$=-(+4)$
$\neq-(+4)-(+4)-(+4)$
→ $+4$를 3번 뺀 것

답 ④

05
① $(+10)\times(-4)=-40$

② $(-6)\times(-5)=+30$

③ $(+4)\times(+7)=+28$

④ $(-2)\times(+11)=-22$

⑤ $(+9)\times(-8)=-72\neq+72$

답 ⑤

51쪽 풀이

06 ① □+△=△+□

→ 덧셈의 교환법칙

② (★+▲)+●=★+(▲+●)

→ 덧셈의 결합법칙

③ ▽-◇=◇-▽ (×)

→ 뺄셈에서는 교환법칙이 성립하지 않음

④ ◆×♣=♣×◆

→ 곱셈의 교환법칙

⑤ (△×♡)×□=△×(♡×□)

→ 곱셈의 결합법칙

답 ③

07 ① $\left(+\dfrac{5}{6}\right)\times\left(-\dfrac{2}{5}\right)$

$=-\left(\dfrac{\cancel{5}}{\cancel{6}_3}\times\dfrac{\cancel{2}^1}{\cancel{5}_1}\right)$

$=-\dfrac{1}{3}\neq+\dfrac{1}{3}$

② $\left(-\dfrac{3}{8}\right)\times\left(-\dfrac{4}{9}\right)$

$=+\left(\dfrac{\cancel{3}^1}{\cancel{8}_2}\times\dfrac{\cancel{4}^1}{\cancel{9}_3}\right)$

$=+\dfrac{1}{6}\neq-\dfrac{1}{6}$

③ $\left(+\dfrac{7}{2}\right)\times(-14)$

$=-\left(\dfrac{7}{\cancel{2}_1}\times\cancel{14}^7\right)$

$=-49\neq-1$

④ $\left(-\dfrac{2}{5}\right)\times\left(-\dfrac{1}{5}\right)$

$=+\left(\dfrac{2}{5}\times\dfrac{1}{5}\right)$

$=+\dfrac{2}{25}\neq-\dfrac{3}{10}$

⑤ $\left(-\dfrac{1}{4}\right)\times\left(-\dfrac{20}{9}\right)$

$=+\left(\dfrac{1}{\cancel{4}_1}\times\dfrac{\cancel{20}^5}{9}\right)$

$=+\dfrac{5}{9}$

답 ⑤

08 $8+\dfrac{3}{4}\times\left(-\dfrac{16}{3}\right)$

$=8+\left\{-\left(\dfrac{\cancel{3}^1}{\cancel{4}_1}\times\dfrac{\cancel{16}^4}{\cancel{3}_1}\right)\right\}$

$=8+(-4)$

$=4$

답 4

---

06 다음 중 옳지 않은 것은?　③

① □+△=△+□

② (★+▲)+●=★+(▲+●)

③ ▽-◇=◇-▽

④ ◆×♣=♣×◆

⑤ (△×♡)×□=△×(♡×□)

07 다음 중 바르게 계산한 것은?　⑤

① $\left(+\dfrac{5}{6}\right)\times\left(-\dfrac{2}{5}\right)=+\dfrac{1}{3}$

② $\left(-\dfrac{3}{8}\right)\times\left(-\dfrac{4}{9}\right)=-\dfrac{1}{6}$

③ $\left(+\dfrac{7}{2}\right)\times(-14)=-1$

④ $\left(-\dfrac{2}{5}\right)\times\left(-\dfrac{1}{5}\right)=-\dfrac{3}{10}$

⑤ $\left(-\dfrac{1}{4}\right)\times\left(-\dfrac{20}{9}\right)=+\dfrac{5}{9}$

08 다음을 계산하시오.

$8+\dfrac{3}{4}\times\left(-\dfrac{16}{3}\right)=4$

09 $a>0$, $b<0$일 때, 다음 중 곱의 부호가 다른 하나는?　①

① $(-a)\times(-b)$　② $b\times b$

③ $(+a)\times(-b)$　④ $(-a)\times(-a)$

⑤ $(-a)\times b$

10 다음 곱셈식의 계산 결과가 작은 순서대로 기호를 쓰시오.

㉠ $(-5)\times(+4)$	㉡ $(-5)\times(+5)$
㉢ $(-5)\times(-6)$	㉣ $(-5)\times(+7)$

㉣, ㉡, ㉠, ㉢

---

09 a는 ⊕, b는 ⊖

① $(-a)\times(-b)$

→ $(-⊕)\times(-⊖)$

→ $⊖\times⊕$

→ $⊖$

→ $(-a)\times(-b)<0$

② $b\times b$

→ $⊖\times⊖$

→ $⊕$

→ $b\times b>0$

③ $(+a)\times(-b)$

→ $(+⊕)\times(-⊖)$

→ $⊕\times⊕$

→ $⊕$

→ $(+a)\times(-b)>0$

④ $(-a)\times(-a)$

→ $(-⊕)\times(-⊕)$

→ $⊖\times⊖$

→ $⊕$

→ $(-a)\times(-a)>0$

⑤ $(-a)\times b$

→ $(-⊕)\times⊖$

→ $⊖\times⊖$

→ $⊕$

→ $(-a)\times b>0$

답 ①

10

㉠ $(-5)\times(+4)$	㉡ $(-5)\times(+5)$
$=-20$	$=-25$
㉢ $(-5)\times(-6)$	㉣ $(-5)\times(+7)$
$=+30$	$=-35$

→ ㉣<㉡<㉠<㉢

답 ㉣, ㉡, ㉠, ㉢

12

$(-0.2)\times\left(+\dfrac{5}{3}\right)\times(-9)$

$=\left(-\dfrac{1}{5}\right)\times\left(+\dfrac{5}{3}\right)\times(-9)$

$=+\left(\dfrac{1}{\cancel{5}_1}\times\dfrac{\cancel{5}^1}{\cancel{3}_1}\times\cancel{9}^3\right)$

$=+3$

답 $+3$

13 두 수의 절댓값이 각각 4, 6이고,
두 수의 합과 곱이 음수

→ 곱한 두 수의
    부호가 다름

→ $-4, +6$ 또는 $+4, -6$

| 합은 $+2$ | 합은 -2 |

→ 합이 음수가 되려면 $+4, -6$이어야 함

답 $+4, -6$

14

| $-\dfrac{8}{3}$ | -4 | $+5$ | $+\dfrac{15}{2}$ |

$\left|-\dfrac{8}{3}\right|=\dfrac{8}{3}$ $|-4|=4$ $|+5|=5$ $\left|+\dfrac{15}{2}\right|=\dfrac{15}{2}$

가장 큰 수: $+\dfrac{15}{2}$

절댓값이 가장 작은 수: $-\dfrac{8}{3}$

단원 마무리

11 곱셈의 계산법칙을 이용하여 계산한 과정입니다. 빈칸을 알맞게 채우시오.

$\left(-\dfrac{3}{4}\right)\times\left(+\dfrac{5}{2}\right)\times\left(-\dfrac{8}{3}\right)$ ── 곱셈의 **교환**법칙

$=\left(+\dfrac{5}{2}\right)\times\left(-\dfrac{3}{4}\right)\times\left(-\dfrac{8}{3}\right)$ ── 곱셈의 **결합**법칙

$=\left(+\dfrac{5}{2}\right)\times\left[\left(-\dfrac{3}{\cancel{4}}\right)\times\left(-\dfrac{\cancel{8}^2}{3}\right)\right]$

$=\left(+\dfrac{5}{\cancel{2}}\right)\times\left(\boxed{+2}\right)$

$=\boxed{+5}$

12 다음을 계산하시오.

$(-0.2)\times\left(+\dfrac{5}{3}\right)\times(-9)=+3$

13 절댓값이 각각 4, 6인 두 수의 합과 곱이 모두 음수일 때, 두 수를 구하시오.

$+4, -6$

14 다음 중 가장 큰 수와 절댓값이 가장 작은 수의 곱을 구하시오.

| $-\dfrac{8}{3}$ | -4 | $+5$ | $+\dfrac{15}{2}$ |

-20

15 다음을 계산하시오.

$\left(-\dfrac{2}{1}\right)\times\left(-\dfrac{3}{2}\right)\times\left(-\dfrac{4}{3}\right)\times\left(-\dfrac{5}{4}\right)\times\left(-\dfrac{6}{5}\right)\times\left(-\dfrac{7}{6}\right)$

$=+7$

16 $\triangle\times\square=6$일 때, 다음 중 옳지 않은 것은? ③

① $\square\times\triangle=6$
② $\triangle\times(-\square)=-6$
③ $(-\triangle)\times(-\square)=-6$
④ $\square\times(-1)\times\triangle=-6$
⑤ $\square\times\square\times\triangle\times\triangle=36$

52 정수와 유리수 2

→ $\left(+\dfrac{15}{2}\right)\times\left(-\dfrac{8}{3}\right)=-\left(\dfrac{\cancel{15}^5}{\cancel{2}_1}\times\dfrac{\cancel{8}^4}{\cancel{3}_1}\right)$

$=-20$

답 -20

52쪽 풀이

15
$$\left(-\frac{2}{1}\right)\times\left(-\frac{3}{2}\right)\times\left(-\frac{4}{3}\right)\times\left(-\frac{5}{4}\right)\times\left(-\frac{6}{5}\right)\times\left(-\frac{7}{6}\right)$$

$$=+\left(\frac{\overset{1}{\cancel{2}}}{1}\times\frac{\overset{1}{\cancel{3}}}{\underset{1}{\cancel{2}}}\times\frac{\overset{1}{\cancel{4}}}{\underset{1}{\cancel{3}}}\times\frac{\overset{1}{\cancel{5}}}{\underset{1}{\cancel{4}}}\times\frac{\overset{1}{\cancel{6}}}{\underset{1}{\cancel{5}}}\times\frac{7}{\underset{1}{\cancel{6}}}\right)$$

$$=+7$$

답 $+7$

16

$$\triangle\times\square=6$$

① $\square\times\triangle$
  $=\triangle\times\square$
  $=6$

② $\triangle\times(-\square)$
  $=-\underset{6}{(\underline{\triangle\times\square})}$
  $=-6$

③ $(-\triangle)\times(-\square)$
  $=+\underset{6}{(\underline{\triangle\times\square})}$
  $=+6 \neq -6$

④ $\square\times(-1)\times\triangle$
  $=(-1)\times\underset{6}{\underline{\square\times\triangle}}$
  $=-6$

⑤ $\square\times\square\times\triangle\times\triangle$
  $=(\underset{6}{\underline{\square\times\triangle}})\times(\underset{6}{\underline{\square\times\triangle}})$
  $=6\times6$
  $=36$

답 ③

53쪽 풀이

17 두 수의 곱은 항상

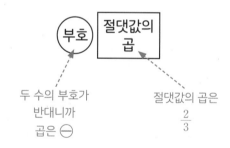

두 수의 부호가
반대니까
곱은 ⊖

절댓값의 곱은
$\frac{2}{3}$

→ 따라서, 두 수의 곱은 $-\frac{2}{3}$

답 $-\dfrac{2}{3}$

17 다음 조건을 모두 만족하는 두 수의 곱을 구하시오.

• 두 수의 부호는 서로 반대입니다.
• 두 수의 절댓값의 곱은 $\frac{2}{3}$입니다.

$-\dfrac{2}{3}$

18 네 수 $-\frac{2}{5}, \frac{1}{4}, -\frac{5}{4}, 6$ 중 서로 다른 세 수를 골라 곱한 값 중에서 가장 큰 값을 구하시오.

$+3$

19 다음을 계산하시오.

$$\left(1-\frac{1}{2}\right)\times\left(1+\frac{1}{3}\right)\times\left(1-\frac{1}{4}\right)\times\left(1+\frac{1}{5}\right)\times$$
$$\left(1-\frac{1}{6}\right)\times\left(1+\frac{1}{7}\right)\times\left(1-\frac{1}{8}\right)$$

$+\dfrac{1}{2}$

20 민주와 지은이가 계단에서 가위바위보를 하여 이기면 2칸을 올라가고, 지면 1칸을 내려가는 게임을 하고 있습니다. 같은 위치에서 8번 가위바위보를 하여 지은이는 3번 이기고, 5번 졌을 때, 두 사람은 몇 칸 떨어져 있는지 구하시오.

6칸

53쪽 풀이

18 세 수를 곱한 값이 가장 커지려면?

→ 곱이 양수여야 함

세 수의 곱이 양수가 되는 경우는

$\oplus \times \oplus \times \oplus$ 또는 $\ominus \times \ominus \times \oplus$

$$-\frac{2}{5} \qquad \frac{1}{4} \qquad -\frac{5}{4} \qquad 6$$

주어진 수 중에서 **양수는 2개, 음수도 2개**이므로,

$\left(-\dfrac{2}{5}\right) \times \left(-\dfrac{5}{4}\right) \times \oplus$가 되어야 함

이 양수가 가장 큰 경우를
찾으면 됨

→ $\dfrac{1}{4} < 6$이므로, 곱한 값이 가장 커지는 경우는

$$\left(-\frac{2}{5}\right) \times \left(-\frac{5}{4}\right) \times 6 = +\left(\frac{\overset{1}{\cancel{2}}}{\underset{1}{\cancel{5}}} \times \frac{\overset{1}{\cancel{5}}}{\underset{2}{\cancel{4}}} \times \overset{3}{\cancel{6}}\right)$$

$$= +3$$

답 $+3$

20 가위바위보에서 이기면 2칸을 올라가고,

지면 1칸을 내려감

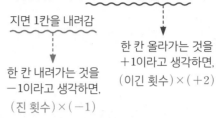

한 칸 내려가는 것을
-1이라고 생각하면,
(진 횟수)×(-1)

한 칸 올라가는 것을
$+1$이라고 생각하면,
(이긴 횟수)×($+2$)

가위바위보를 **처음 시작한 위치를 '0'**이라고 하고,
8번 게임이 끝났을 때 두 사람의 위치를 수로 나타내기

• 지은이의 위치 → 3번 이기고, 5번 짐

→ $3 \times (+2) + 5 \times (-1)$
$= (+6) + (-5)$
$= +1$

• 민주의 위치 → 5번 이기고, 3번 짐

→ $5 \times (+2) + 3 \times (-1)$
$= (+10) + (-3)$
$= +7$

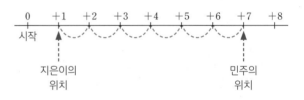

→ 두 사람은 6칸 떨어져 있음

답 6칸

19

$$\left(1-\frac{1}{2}\right) \times \left(1+\frac{1}{3}\right) \times \left(1-\frac{1}{4}\right) \times \left(1+\frac{1}{5}\right) \times \left(1-\frac{1}{6}\right) \times \left(1+\frac{1}{7}\right) \times \left(1-\frac{1}{8}\right)$$

$$= \left(+\frac{1}{2}\right) \times \left(+\frac{4}{3}\right) \times \left(+\frac{3}{4}\right) \times \left(+\frac{6}{5}\right) \times \left(+\frac{5}{6}\right) \times \left(+\frac{8}{7}\right) \times \left(+\frac{7}{8}\right)$$

$$= +\left(\frac{1}{2} \times \frac{\overset{1}{\cancel{4}}}{\underset{1}{\cancel{3}}} \times \frac{\overset{1}{\cancel{3}}}{\underset{1}{\cancel{4}}} \times \frac{\overset{1}{\cancel{6}}}{\underset{1}{\cancel{5}}} \times \frac{\overset{1}{\cancel{5}}}{\underset{1}{\cancel{6}}} \times \frac{\overset{1}{\cancel{8}}}{\underset{1}{\cancel{7}}} \times \frac{\overset{1}{\cancel{7}}}{\cancel{8}}\right)$$

$$= +\frac{1}{2}$$

답 $+\dfrac{1}{2}$

21

$$a=(-16)\times\left(+\frac{4}{7}\right),\ b=(+14)\times\left(+\frac{5}{8}\right)$$

$$\rightarrow a\times b=(-16)\times\left(+\frac{4}{7}\right)\times(+14)\times\left(+\frac{5}{8}\right)$$

$$=-\left(\overset{2}{\cancel{16}}\times\frac{4}{\underset{1}{\cancel{7}}}\times\overset{2}{\cancel{14}}\times\frac{5}{\underset{1}{\cancel{8}}}\right)$$

$$=-80$$

답 -80

22 $a\times b>0$

→ 곱이 양수이므로,
　 a와 b의 부호가 같음

$b\times c<0$

→ 곱이 음수이므로,
　 b와 c의 부호가 다름

→ 따라서, $\left(\begin{smallmatrix}a의\\부호\end{smallmatrix}\right)=\left(\begin{smallmatrix}b의\\부호\end{smallmatrix}\right)\neq\left(\begin{smallmatrix}c의\\부호\end{smallmatrix}\right)$

$c-a<0$

・a가 ⊕, c가 ⊖라면 | ・a가 ⊖, c가 ⊕라면
$c-a\rightarrow\ominus-\oplus$ | $c-a\rightarrow\oplus-\ominus$
$\rightarrow\ominus+\ominus$ | $\rightarrow\oplus+\oplus$
$\rightarrow\ominus$ | $\rightarrow\oplus$
$c-a<0\ (\bigcirc)$ | $c-a>0\ (\times)$

→ 따라서, 세 수의 부호는

a	b	c
⊕	⊕	⊖

답 $a>0,\ b>0,\ c<0$

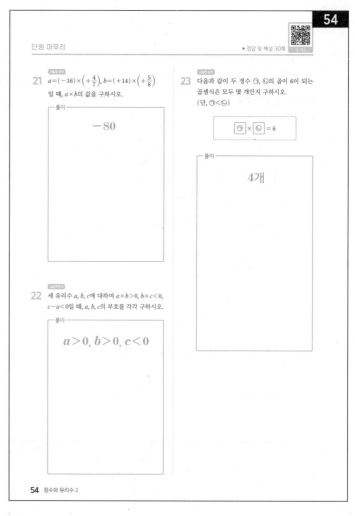

23 $(\text{㉠})\times\left(\text{㉡}\right)=\boxed{+}\,6$

곱이 양수이니까,　　　곱이 6인 경우
곱한 두 수의　　　　　 1×6
부호가 같음　　　　　　2×3

→ ㉠<㉡이므로, 가능한 곱셈식을 모두 쓰면,
　$(+1)\times(+6),\ (-6)\times(-1),$
　$(+2)\times(+3),\ (-3)\times(-2)$

답 4개

1 거듭제곱이란?

▶정답 및 해설 31쪽

거듭제곱

거듭(반복)해서 자신을 곱한다는 뜻!

2^4 ← 2를 4번 곱했다는 뜻!

$= 2 \times 2 \times 2 \times 2$

$= 16$

$2 \times 2 \times 2 = 2^3$

3번 곱하기

$2 \times 2 = 2^2$

2번 곱하기

$2 = 2^1$

1번 곱하기

2^1과 2는 같은 거구나~

거듭제곱의 모양

오른쪽 위에 작게 쓴 수를 지수라고 해~

2^4

밑에 크게 쓴 수를 밑이라고 해~

⚠ 지수가 1이면 생략할 수 있어~

거듭제곱 읽기

2^4 : 2의 **네** 제곱

2^3 : 2의 **세** 제곱

지수가 2일 때만 '제곱'이라고 읽기!

2^2 : 2의 **제곱**

2^1 : 2의 **일** 제곱

⚠ 2^1은 주로 2로 쓰고, 그냥 2라고 읽지~

▶ 개념 익히기 1

빈칸을 알맞게 채우세요.

01

$6 \times 6 \times 6 \times 6 = 6^{\boxed{4}}$

02

$11 \times 11 = 11^{\boxed{2}}$

03

$5 \times 5 \times 5 = 5^{\boxed{3}}$

▶ 개념 익히기 2

거듭제곱을 바르게 읽은 것에 ○표 하세요.

01

4^5

•4의 다섯제곱 （ ○ ）

•5의 네제곱 （ ）

02

6^4

•4의 여섯제곱 （ ）

•6의 네제곱 （ ○ ）

03

3^2

•2의 세제곱 （ ）

•3의 제곱 （ ○ ）

2 거듭제곱의 계산 (1)

▶정답 및 해설 31쪽

⭐ 거듭제곱에서 **(괄호)**는 엄~청 중요해!

$(-2)^4$ 괄호 통째로 거듭제곱!

$= (-2) \times (-2) \times (-2) \times (-2)$

⊖도 4번 곱한 것

$(-2)^{\boxed{}}$

부호도 □번, 2도 □번 곱하기

예 $(-1)^{100} = +1^{100} = 1$

1은 여러 번 곱해도 1이지~

$= +2^4$

$= +16$

⭐ 거듭제곱에서 **괄호가 없을** 때는?

-2^4 지수는 밑에만!

$= -2 \times 2 \times 2 \times 2$

부호는 그대로

$-2^{\boxed{}}$

부호는 그대로, 2만 □번 곱하기

예 $-1^{100} = -1$

괄호가 없으니까 부호는 그대로~!

$= -16$

▶ 개념 익히기 1

알맞은 것끼리 선으로 이으세요.

01 $(-3)^4$ ────── $(-4) \times (-4) \times (-4)$

02 3^4 ────── $3 \times 3 \times 3 \times 3$

03 $(-4)^3$ ────── $(-3) \times (-3) \times (-3) \times (-3)$

▶ 개념 익히기 2

○ 안에 +, -를 알맞게 쓰세요.

01

$(-6)^{25} = \boxed{-} 6^{25}$

$(\overset{\frown}{-6})^{25}$

$= \underset{\downarrow}{-} 6^{25}$

02

$(-2)^{48} = \boxed{+} 2^{48}$

$(\overset{\frown}{-2})^{48}$

$= \underset{\downarrow}{+} 2^{48}$

03

$(-5)^{333} = \boxed{-} 5^{333}$

$(\overset{\frown}{-5})^{333}$

$= \underset{\downarrow}{-} 5^{333}$

정답 및 해설　**31**

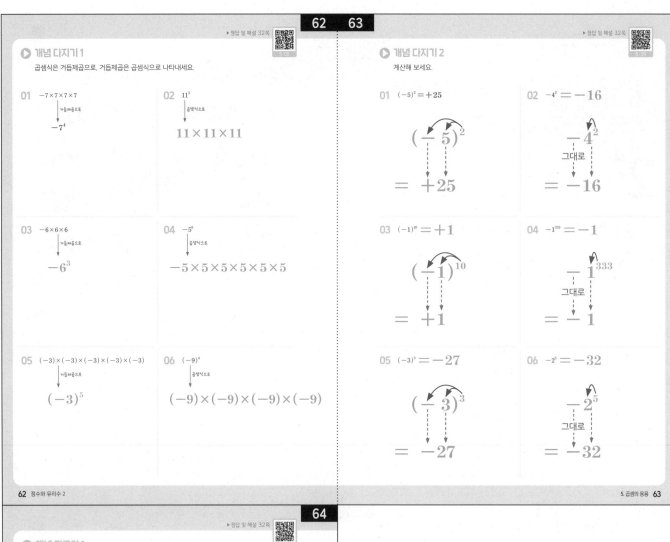

62   63

개념 다지기 1

곱셈식은 거듭제곱으로, 거듭제곱은 곱셈식으로 나타내세요.

▶ 정답 및 해설 32쪽

01   $-7 \times 7 \times 7 \times 7$

거듭제곱으로

-7^4

02   11^3

곱셈식으로

$11 \times 11 \times 11$

03   $-6 \times 6 \times 6$

거듭제곱으로

-6^3

04   -5^6

곱셈식으로

$-5 \times 5 \times 5 \times 5 \times 5 \times 5$

05   $(-3) \times (-3) \times (-3) \times (-3) \times (-3)$

거듭제곱으로

$(-3)^5$

06   $(-9)^4$

곱셈식으로

$(-9) \times (-9) \times (-9) \times (-9)$

개념 다지기 2

계산해 보세요.

▶ 정답 및 해설 32쪽

01   $(-5)^2 = +25$

$(-5)^2$

$= +25$

02   $-4^2 = -16$

그대로

-4^2

$= -16$

03   $(-1)^{10} = +1$

$(-1)^{10}$

$= +1$

04   $-1^{333} = -1$

그대로

-1^{333}

$= -1$

05   $(-3)^3 = -27$

$(-3)^3$

$= -27$

06   $-2^5 = -32$

그대로

-2^5

$= -32$

64

개념 마무리 1

옳은 설명에는 ○표, 틀린 설명에는 ×표 하세요.

▶ 정답 및 해설 32쪽

01   양수의 거듭제곱은 항상 양수입니다. (○)

02   1의 거듭제곱은 항상 1입니다. (○)

03   음수를 홀수 번 거듭제곱하면 양수입니다. (×)

               음수

04   3^2은 3의 세제곱이라고 읽습니다. (×)

      3의 제곱

05   지수가 1이면 생략할 수 있습니다. (○)

06   -2^4은 -2를 네 번 곱한 식을 의미합니다. (×)

        ↳ $-2 \times 2 \times 2 \times 2$

▶ 개념 마무리 2

계산해 보세요.

정답 및 해설

01

$$1^2 \times (-2)^2 = +4$$

$$1 \qquad (-2)^2$$

$$= +4$$

$$1^2 \times (-2)^2 = 1 \times (+4)$$
$$= +4$$

02

$$(-1^3) \times (-6)^2 = -36$$

$$(-1^3) \qquad (-6)^2$$

$$= -1 \qquad = +36$$

$$(-1^3) \times (-6)^2 = (-1) \times (+36)$$
$$= -36$$

03

$$(-3^2) \times (-2)^3 = +72$$

$$(-3^2) \qquad (-2)^3$$

$$= -9 \qquad = -8$$

$$(-3^2) \times (-2)^3 = (-9) \times (-8)$$
$$= +72$$

04

$$(-1^2) \times (-4)^2 = -16$$

$$(-1^2) \qquad (-4)^2$$

$$= -1 \qquad = +16$$

$$(-1^2) \times (-4)^2 = (-1) \times (+16)$$
$$= -16$$

05

$$(-1^5) \times (-1)^2 \times (-1)^3 = +1$$

$$(-1^5) \qquad (-1)^2 \qquad (-1)^3$$
$$= -1 \qquad = +1 \qquad = -1$$

$$(-1^5) \times (-1)^2 \times (-1)^3$$
$$= (-1) \times (+1) \times (-1)$$
$$= +1$$

06

$$(-1)^{100} \times (-1^{200}) \times (-1)^{2023} = +1$$

$$(-1)^{100} \qquad (-1^{200}) \qquad (-1)^{2023}$$
$$= +1 \qquad = -1 \qquad = -1$$

$$(-1)^{100} \times (-1^{200}) \times (-1)^{2023}$$
$$= (+1) \times (-1) \times (-1)$$
$$= +1$$

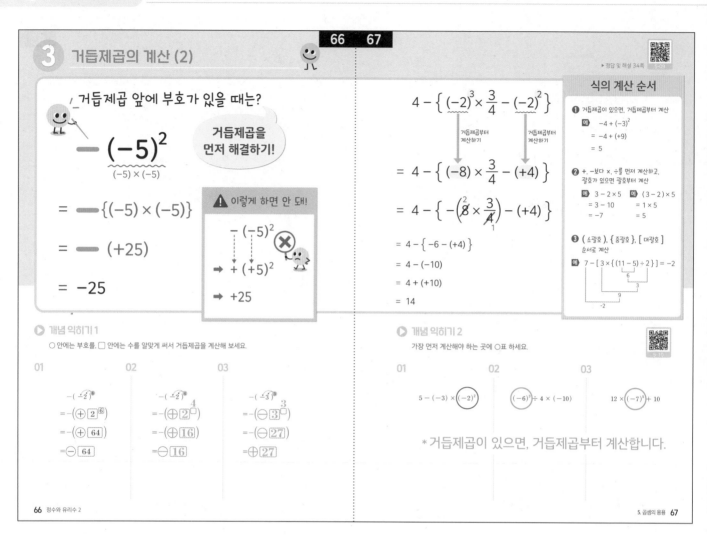

▶ 개념 다지기 1

계산해 보세요.

정답 및 해설

01 $-(-7)^2 = -49$

$$-(-\overset{\frown}{7})^2$$
$$=-(+49)$$
$$=-49$$

02 $-(-2)^3 = +8$

$$-(-\overset{\frown}{2})^3$$
$$=-(-8)$$
$$=+8$$

03 $-(-3^2) = +9$

$$-(-\overset{\frown}{3^2})$$
$$=-(-9)$$
$$=+9$$

04 $(-4)^3 = -64$

$$(-\overset{\frown}{4})^3$$
$$=-64$$

05 $-\{-(-1^{1000})\} = -1$

$$-\{-(-\overset{\frown}{1}^{1000})\}$$
$$=-\{-(-1)\}$$
⊖가 3개 → ⊖
$$=-1$$

06 $-[-\{-(-6)^2\}] = -36$

$$-[-\{-(-\overset{\frown}{6})^2\}]$$
$$=-[-\{-(+36)\}]$$
⊖가 3개 → ⊖
$$=-36$$

69쪽 풀이

01

$$-(-3)^3 \qquad (-3)^3 \qquad -3^3$$
$$=-(-27) \qquad =-27 \qquad =-27$$
$$=+27$$

02

$$-(+6)^2 \qquad 36 \qquad -6^2$$
$$=-(+36) \qquad\qquad =-36$$
$$=-36$$

▶ 정답 및 해설 36쪽

69

▶ 개념 다지기 2

계산 결과가 다른 하나를 찾아 V표 하세요.

01 $-(-3)^3$ ☑ → $+27$ 02 $-(+6)^2$ ☐ → -36
     $(-3)^3$ ☐ → -27 36 ☑
     -3^3 ☐ → -27 -6^2 ☐ → -36

03 -2^4 ☑ → -16 04 $(-1)^{95}$ ☐ → -1
     $-(-2^4)$ ☐ → $+16$ -1^{100} ☐ → -1
     $+(-2)^4$ ☐ → $+16$ $-(-1)^{99}$ ☑ → $+1$

05 $-(-10)^3$ ☐ → $+1000$ 06 -5^4 ☑ → -625
     -10^3 ☑ → -1000 $-(-5^4)$ ☐ → $+625$
     $-(-1000)$ ☐ → $+1000$ $(-5)^4$ ☐ → $+625$

5. 곱셈의 응용 **69**

03

$$-2^4 \qquad\quad -(-2^4) \qquad\quad +(-2)^4$$
$$=-16 \qquad =-(-16) \qquad =+(+16)$$
$$\qquad\qquad =+16 \qquad\quad =+16$$

04

$$(-1)^{95} \qquad -1^{100} \qquad -(-1)^{99}$$
$$=-1 \qquad\quad =-1 \qquad\quad =-(-1)$$
$$\qquad\qquad\qquad\qquad\qquad =+1$$

05

$$-(-10)^3 \qquad -10^3 \qquad -(-1000)$$
$$=-(-1000) \qquad =-1000 \qquad =+1000$$
$$=+1000$$

06

$$-5^4 \qquad\quad -(-5^4) \qquad (-5)^4$$
$$=-625 \qquad =-(-625) \qquad =+625$$
$$\qquad\qquad =+625$$

02

$$-(-3^4)$$
$$=-(-81)$$
$$=+81$$

→ 가장 큼

$$-(-3)^2$$
$$=-(+9)$$
$$=-9$$

$$-3^3$$
$$=-27$$

03

$$(-6)^2$$
$$=+36$$

$$-5^2$$
$$=-25$$

$$(-4)^3$$
$$=-64$$

→ 가장 작음

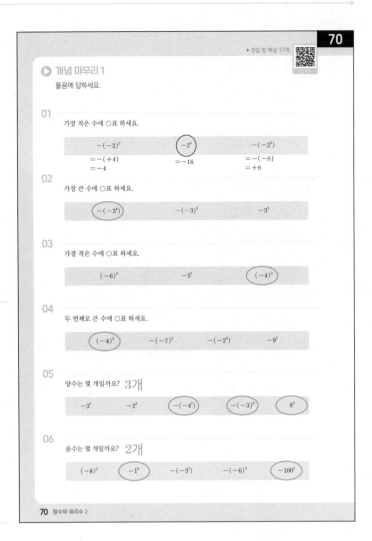

▶ 정답 및 해설 37쪽

70

▶ 개념 마무리 1

물음에 답하세요.

01 가장 작은 수에 ○표 하세요.

$-(-2)^2$	-2^4	$-(-2^3)$
$=-(+4)$	$=-16$	$=-(-8)$
$=-4$		$=+8$

02 가장 큰 수에 ○표 하세요.

$-(-3^4)$ $-(-3)^2$ -3^3

03 가장 작은 수에 ○표 하세요.

$(-6)^2$ -5^2 $(-4)^3$

04 두 번째로 큰 수에 ○표 하세요.

$(-4)^2$ $-(-7)^2$ $-(-2^5)$ -9^2

05 양수는 몇 개일까요? **3개**

-3^2 -2^3 $-(-4^3)$ $-(-3)^5$ 8^3

06 음수는 몇 개일까요? **2개**

$(-8)^2$ -1^8 $-(-3^3)$ $-(-6)^3$ -100^7

70 정수와 유리수 2

04

$$(-4)^2$$
$$=+16$$

→ 두 번째로 큼

$$-(-7)^2$$
$$=-(+49)$$
$$=-49$$

$$-(-2^5)$$
$$=-(-32)$$
$$=+32$$ → 가장 큼

$$-9^2$$
$$=-81$$

05

$$-3^2$$
$$=-9$$
→ 음수

$$-2^3$$
$$=-8$$
→ 음수

$$-(-4^3)$$
$$=-(-64)$$
$$=+64$$ → 양수

$$-(-3)^5$$
$$=-(-3^5)$$
$$=+3^5$$ → 양수

$$8^3$$ → 양수

※ 계산하지 않아도
음수/양수를
알 수 있습니다.

06

$$(-8)^2$$
$$=+64$$
→ 양수

$$-1^8$$
$$=-1$$
→ 음수

$$-(-3^3)$$
$$=-(-27)$$
$$=+27$$ → 양수

$$-(-6)^3$$
$$=-(-6^3)$$
$$=+6^3$$ → 양수

$$-100^2$$ → 음수

▶ 개념 마무리 2

계산해 보세요.

01 $5-(-2)^2\times(-3)$

$=5-(+4)\times(-3)$

$=5-(-12)$

$=5+(+12)$

$=+17$

답: $+17$

02 $-(-4)^3+(-10)$

$=-(-64)+(-10)$

$=(+64)+(-10)$

$=+54$

03 $(-1)^3+9\times(-1)$

$=(-1)+9\times(-1)$

$=(-1)+(-9)$

$=-10$

04 $(-7)\times2^3+(-6)^2$

$=(-7)\times8+(+36)$

$=(-56)+(+36)$

$=-20$

05 $12-\{(-5)^2\times(-4)+(-2)^4\}$

$=12-\{(+25)\times(-4)+(+16)\}$

$=12-\{(-100)+(+16)\}$

$=12-(-84)$

$=12+(+84)$

$=+96$

06 $\{(-3)^2\times2+(-3^3)\}\times(-8)$

$=\{(+9)\times2+(-27)\}\times(-8)$

$=\{(+18)+(-27)\}\times(-8)$

$=(-9)\times(-8)$

$=+72$

4 분수의 거듭제곱

▶정답 및 해설 39쪽

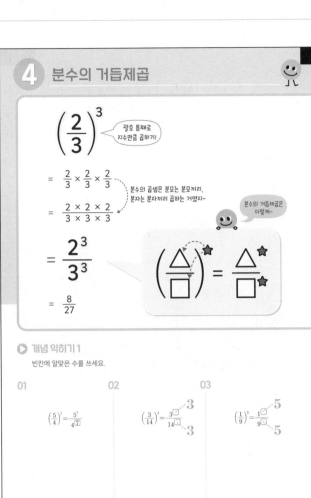

$$\left(\frac{2}{3}\right)^3$$

괄호 통째로 지수만큼 곱하기!

$$= \frac{2}{3} \times \frac{2}{3} \times \frac{2}{3}$$

분수의 곱셈은 분모는 분모끼리, 분자는 분자끼리 곱하는 거였지~

$$= \frac{2 \times 2 \times 2}{3 \times 3 \times 3}$$

분수의 거듭제곱은 이렇게~

$$= \frac{2^3}{3^3}$$

$$\left(\frac{\triangle}{\square}\right)^{\bigstar} = \frac{\triangle^{\bigstar}}{\square^{\bigstar}}$$

$$= \frac{8}{27}$$

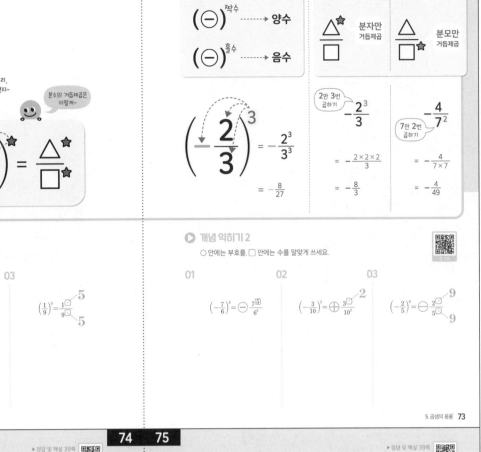

$$(\ominus)^{짝수} \dashrightarrow 양수$$

$$(\ominus)^{홀수} \dashrightarrow 음수$$

$$\frac{\triangle^{\bigstar}}{\square}$$ 분자만 거듭제곱　$$\frac{\triangle}{\square^{\bigstar}}$$ 분모만 거듭제곱

$$\left(-\frac{2}{3}\right)^3 = -\frac{2^3}{3^3}$$

$$= -\frac{8}{27}$$

2만 3번 곱하기

$$-\frac{2^3}{3}$$

$$= -\frac{2 \times 2 \times 2}{3}$$

$$= -\frac{8}{3}$$

7만 2번 곱하기

$$-\frac{4}{7^2}$$

$$= -\frac{4}{7 \times 7}$$

$$= -\frac{4}{49}$$

▶ 개념 익히기 1

빈칸에 알맞은 수를 쓰세요.

01

$$\left(\frac{5}{4}\right)^7 = \frac{5^7}{4^{\boxed{7}}}$$

02

$$\left(\frac{3}{14}\right)^3 = \frac{3^{\boxed{}}}{14^{\boxed{}}}$$

03

$$\left(\frac{1}{9}\right)^5 = \frac{1^{\boxed{}}}{9^{\boxed{}}}$$

▶ 개념 익히기 2

○ 안에는 부호를, □ 안에는 수를 알맞게 쓰세요.

01

$$\left(-\frac{7}{6}\right)^5 = \bigcirc \frac{7^{\boxed{5}}}{6^5}$$

02

$$\left(-\frac{3}{10}\right)^2 = \oplus \frac{3^{\boxed{}}}{10^2}$$

03

$$\left(-\frac{2}{5}\right)^9 = \bigcirc \frac{2^{\boxed{}}}{5^{\boxed{}}}$$

▶정답 및 해설 39쪽

▶ 개념 다지기 1

빈칸을 알맞게 채우세요.

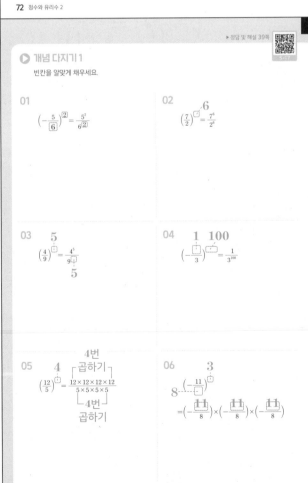

01

$$\left(-\frac{5}{6}\right)^{\boxed{2}} = \frac{5^2}{6^{\boxed{2}}}$$

02

$$\left(\frac{7}{2}\right)^{\boxed{}} = \frac{7^6}{2^6}$$

03

$$\left(\frac{4}{9}\right)^{\boxed{}} = \frac{4^5}{9^{\boxed{}}}$$

04

$$\left(-\frac{1}{3}\right)^{\boxed{}} = \frac{1}{3^{100}}$$

05

$$\left(\frac{12}{5}\right)^{\boxed{}} = \frac{12 \times 12 \times 12 \times 12}{5 \times 5 \times 5 \times 5}$$

4번 곱하기 / 4번 곱하기

06

$$8^{\boxed{}} = \left(-\frac{11}{8}\right)^{\boxed{}} = \left(-\frac{11}{8}\right) \times \left(-\frac{11}{8}\right) \times \left(-\frac{11}{8}\right)$$

3

▶ 개념 다지기 2

거듭제곱을 계산해 보세요.

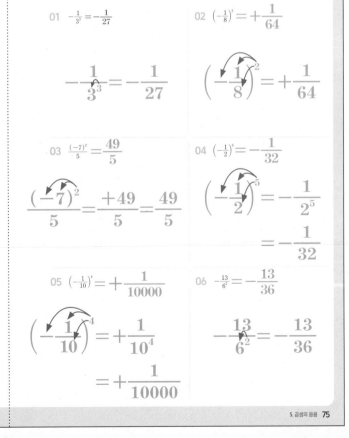

01

$$-\frac{1}{3^3} = -\frac{1}{27}$$

$$-\frac{1}{3^3} = -\frac{1}{27}$$

02

$$\left(-\frac{1}{8}\right)^2 = +\frac{1}{64}$$

$$\left(-\frac{1}{8}\right)^2 = +\frac{1}{64}$$

03

$$\frac{(-7)^2}{5} = \frac{49}{5}$$

$$\frac{(-7)^2}{5} = \frac{+49}{5} = \frac{49}{5}$$

04

$$\left(-\frac{1}{2}\right)^5 = -\frac{1}{32}$$

$$\left(-\frac{1}{2}\right)^5 = -\frac{1}{2^5} = -\frac{1}{32}$$

05

$$\left(-\frac{1}{10}\right)^4 = +\frac{1}{10000}$$

$$\left(-\frac{1}{10}\right)^4 = +\frac{1}{10^4} = +\frac{1}{10000}$$

06

$$-\frac{13}{6^2} = -\frac{13}{36}$$

$$-\frac{13}{6^2} = -\frac{13}{36}$$

▶ 개념 마무리 1

크기를 비교하여 ○ 안에 >, =, <를 알맞게 쓰세요.

01 $\left(-\dfrac{1}{4}\right)^2 \;\bigcirc\!\!=\; \dfrac{1}{4^2}$

$$\left(-\dfrac{1}{4}\right)^2$$

$$=+\dfrac{1}{4^2}$$

02 $\dfrac{3^8}{2} \;\bigcirc\!\!>\; \left(\dfrac{3}{2}\right)^8$

$$\left(\dfrac{3}{2}\right)^8=\dfrac{3^8}{2^8}$$

$$\dfrac{3^8}{2} \quad\text{분자 같음}\quad \dfrac{3^8}{2^8}$$

분자가 같으면 분모가 작을수록 큰 분수

$2<2^8$이니까 $\dfrac{3^8}{2}>\dfrac{3^8}{2^8}$

03 $\left(-\dfrac{2}{7}\right)^{101} \;\bigcirc\!\!<\; \left(-\dfrac{2}{7}\right)^{100}$

$$\left(-\dfrac{2}{7}\right)^{101} \qquad \left(-\dfrac{2}{7}\right)^{100}$$

$$=-\dfrac{2^{101}}{7^{101}} \qquad\quad =+\dfrac{2^{100}}{7^{100}}$$

→ 음수 | → 양수

04 $-\dfrac{1}{11^5} \;\bigcirc\!\!=\; \left(-\dfrac{1}{11}\right)^5$

$$\left(-\dfrac{1}{11}\right)^5=-\dfrac{1}{11^5}$$

05 $\left(-\dfrac{99}{100}\right)^4 \;\bigcirc\!\!>\; \left(-\dfrac{99}{100}\right)^5$

$$\left(-\dfrac{99}{100}\right)^4 \qquad \left(-\dfrac{99}{100}\right)^5$$

$$=+\dfrac{99^4}{100^4} \qquad\quad =-\dfrac{99^5}{100^5}$$

→ 양수 | → 음수

06 $\left(-\dfrac{1}{23}\right)^6 \;\bigcirc\!\!>\; \dfrac{1}{25^6}$

$$=+\dfrac{1}{23^6} \quad\text{분자 같음}\quad \dfrac{1}{25^6}$$

분자가 같으면 분모가 작을수록 큰 분수

$23^6<25^6$이니까 $\dfrac{1}{23^6}>\dfrac{1}{25^6}$

▶ 개념 마무리 2

$a>0$, $b<0$일 때, 부등호를 사용하여 주어진 식의 부호를 나타내세요.

01 $-a^2<0$

a는 $\oplus$

$\to -\oplus^2$

$\to -\oplus$

$\to \ominus$

02 $(-a)^3<0$

a는 $\oplus$

$\to (-\oplus)^3$

$\to (\ominus)^3$

$\to \ominus$

03 $(-b)^5>0$

b는 $\ominus$

$\to (-\ominus)^5$

$\to (\oplus)^5$

$\to \oplus$

04 $(-a)^5\times b^2<0$

a는 $\oplus$, b는 $\ominus$

$\to (-\oplus)^5\times\ominus^2$

$\to (\ominus)^5\times\oplus$

$\to \ominus\times\oplus$

$\to \ominus$

05 $a^3-b^3>0$

a는 $\oplus$, b는 $\ominus$

$\to \oplus^3-\ominus^3$

$\to \oplus-\ominus$

$\to \oplus+\oplus$

$\to \oplus$

06 $(-a)^{99}+b^{101}<0$

a는 $\oplus$, b는 $\ominus$

$\to (-\oplus)^{99}+\ominus^{101}$

$\to (\ominus)^{99}+\ominus^{101}$

$\to \ominus+\ominus$

$\to \ominus$

5 거듭제곱의 곱셈

▶ 정답 및 해설 42쪽

😊 거듭제곱으로 나타낸 수끼리 곱할 때는~

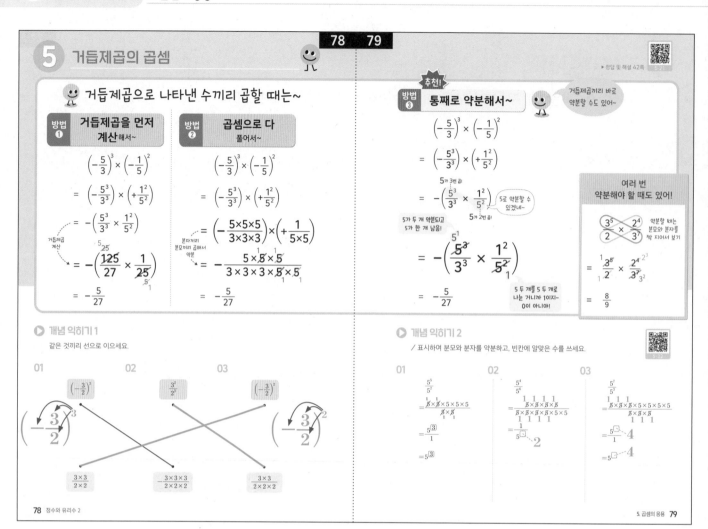

방법❶ 거듭제곱을 먼저 계산해서~

$$\left(-\frac{5}{3}\right)^3 \times \left(-\frac{1}{5}\right)^2$$

$$= \left(-\frac{5^3}{3^3}\right) \times \left(+\frac{1^2}{5^2}\right)$$

$$= -\left(\frac{5^3}{3^3} \times \frac{1^2}{5^2}\right)$$

거듭제곱 계산

$$= -\left(\frac{\overset{5}{\cancel{125}}}{27} \times \frac{1}{\cancel{25}_1}\right)$$

$$= -\frac{5}{27}$$

방법❷ 곱셈으로 다 풀어서~

$$\left(-\frac{5}{3}\right)^3 \times \left(-\frac{1}{5}\right)^2$$

$$= \left(-\frac{5^3}{3^3}\right) \times \left(+\frac{1^2}{5^2}\right)$$

분자끼리 분모끼리 곱해서 약분

$$= \left(-\frac{5\times5\times5}{3\times3\times3}\right) \times \left(+\frac{1}{5\times5}\right)$$

$$= -\frac{5\times\cancel{5}\times\cancel{5}}{3\times3\times3\times\cancel{5}\times\cancel{5}}$$

$$= -\frac{5}{27}$$

추천! 방법❸ 통째로 약분해서~

거듭제곱끼리 바로 약분할 수도 있어~

$$\left(-\frac{5}{3}\right)^3 \times \left(-\frac{1}{5}\right)^2$$

$$= \left(-\frac{5^3}{3^3}\right) \times \left(+\frac{1^2}{5^2}\right)$$

5가 3번 곱해짐

$$= -\left(\frac{5^3}{3^3} \times \frac{1^2}{5^2}\right)$$

5로 약분할 수 있겠네~

5가 2번 곱해짐

5가 두 개 약분되고 5가 한 개 남음!

$$= -\left(\frac{5^{\overset{1}{\cancel{3}}}}{3^3} \times \frac{1^2}{5^{\cancel{2}}_1}\right)$$

$$= -\frac{5}{27}$$

5 두 개를 5 두 개로 나눈 거니까 1이지~ 0이 아니야!

여러 번 약분해야 할 때도 있어!

약분할 때는 분모와 분자를 짝 지어서 보기

$$\frac{3^5}{2} \times \frac{2^4}{3^7}$$

$$= \frac{\overset{1}{3^{\cancel{5}}}}{\cancel{2}_1} \times \frac{2^{\overset{2^3}{\cancel{4}}}}{3^{\cancel{7}}_{3^2}}$$

$$= \frac{8}{9}$$

▶ 개념 익히기 1

같은 것끼리 선으로 이으세요.

01   02   03

$$\left(-\frac{3}{2}\right)^3$$ $$\frac{3^2}{2^2}$$ $$\left(-\frac{3}{2}\right)^2$$

$$\left(-\frac{3}{2}\right)^3$$ $$\left(-\frac{3}{2}\right)^2$$

$$\frac{3\times3}{2\times2}$$ $$\frac{3\times3\times3}{2\times2\times2}$$ $$\frac{3\times3}{2\times2\times2}$$

▶ 개념 익히기 2

/ 표시하여 분모와 분자를 약분하고, 빈칸에 알맞은 수를 쓰세요.

01

$$\frac{5^5}{5^2}$$

$$= \frac{\cancel{5}\times\cancel{5}\times5\times5\times5}{\cancel{5}\times\cancel{5}}$$

$$= \frac{5^{③}}{1}$$

$$= 5^{③}$$

02

$$\frac{5^4}{5^6}$$

$$= \frac{\cancel{5}\times\cancel{5}\times\cancel{5}\times\cancel{5}}{\cancel{5}\times\cancel{5}\times\cancel{5}\times\cancel{5}\times5\times5}$$

$$= \frac{1}{5^{②}}$$

03

$$\frac{5^7}{5^3}$$

$$= \frac{\cancel{5}\times\cancel{5}\times\cancel{5}\times5\times5\times5\times5}{\cancel{5}\times\cancel{5}\times\cancel{5}}$$

$$= \frac{5^{□}}{1}$$

$$= 5^{□}$$

▶ 개념 다지기 1

약분하여 빈칸에 알맞은 수를 쓰세요.

*일반적으로 지수가 1일 때는 지수를 생략하지만, 여기서는 약분을 연습하기 위한 문제이므로 지수가 1이어도 생략하지 않고 표시했습니다.

01 $\dfrac{7^3}{2^3} \times \dfrac{2^2}{7}$

$= \dfrac{\overset{1}{\cancel{7}} \times 7 \times 7}{2 \times 2 \times 2} \times \dfrac{\overset{1}{\cancel{2}} \times \overset{1}{\cancel{2}}}{\cancel{7}}$

$= \dfrac{7^{\boxed{2}}}{2^{\boxed{1}}}$

02 $\dfrac{5^3}{3^2} \times \dfrac{3}{5^2}$

$= \dfrac{\overset{1}{\cancel{5}} \times \overset{1}{\cancel{5}} \times 5}{\underset{1}{\cancel{3}} \times 3} \times \dfrac{\overset{1}{\cancel{3}}}{\underset{1}{\cancel{5}} \times \underset{1}{\cancel{5}}}$

$= \dfrac{5^{\boxed{1}}}{3^{\boxed{1}}}$

03 $\dfrac{4^4}{23} \times \dfrac{23^2}{4}$

$= \dfrac{\overset{1}{\cancel{4}} \times 4 \times 4 \times 4}{\underset{1}{\cancel{23}}} \times \dfrac{\overset{1}{\cancel{23}} \times 23}{\underset{1}{\cancel{4}}}$

$= 4^{\boxed{3}} \times 23^{\boxed{1}}$

04 $\dfrac{8^3}{31^2} \times \dfrac{31}{31 \times 8}$

$= \dfrac{\overset{1}{\cancel{8}} \times 8 \times 8}{\underset{1}{\cancel{31}} \times 31} \times \dfrac{\overset{1}{\cancel{31}}}{31 \times \underset{1}{\cancel{8}}}$

$= \dfrac{8^{\boxed{2}}}{31^{\boxed{2}}}$

05 $\dfrac{47}{47 \times 9} \times \dfrac{9^3}{47^2}$

$= \dfrac{\overset{1}{\cancel{47}}}{47 \times \underset{1}{\cancel{9}}} \times \dfrac{\overset{1}{\cancel{9}} \times 9 \times 9}{\underset{1}{\cancel{47}} \times 47}$

$= \dfrac{9^{\boxed{2}}}{\boxed{47}^{\boxed{2}}}$

06 $\dfrac{13^3}{53^3} \times \dfrac{53^2}{13}$

$= \dfrac{\overset{1}{\cancel{13}} \times 13 \times 13}{\underset{1}{\cancel{53}} \times \underset{1}{\cancel{53}} \times 53} \times \dfrac{\overset{1}{\cancel{53}} \times \overset{1}{\cancel{53}}}{\underset{1}{\cancel{13}}}$

$= \dfrac{\boxed{13}^{\boxed{2}}}{\boxed{53}^{\boxed{1}}}$

▶ 개념 다지기 2

약분하여 빈칸에 알맞은 수를 쓰세요.

01

$$\frac{\overset{1}{\cancel{7}}}{\underset{1}{5^2}} \times \frac{\overset{5^1}{\cancel{5^3}}}{\underset{7^3}{\cancel{7^4}}} = \frac{5^{\boxed{1}}}{7^{\boxed{3}}}$$

02

$$\frac{\overset{21^4}{\cancel{21^6}}}{\underset{10^3}{\cancel{10^4}}} \times \frac{\overset{1}{\cancel{10}}}{\underset{1}{\cancel{21^2}}} = \frac{21^{\boxed{4}}}{10^{\boxed{3}}}$$

03

$$\frac{\overset{1}{\cancel{14^2}}}{\underset{1}{\cancel{9^2}}} \times \frac{\overset{9^3}{\cancel{9^5}}}{\underset{14^1}{\cancel{14^3}}} = \frac{9^{\boxed{3}}}{14^{\boxed{1}}}$$

04

$$\frac{\overset{5^3}{\cancel{5^7}}}{\underset{99^3}{\cancel{99^4}}} \times \frac{1}{\underset{1}{\cancel{5^4}}}_{\cancel{99}} = \frac{\boxed{5}^{\boxed{3}}}{99^{\boxed{3}}}$$

05

$$\frac{\overset{13^3}{\cancel{13^5}}}{\underset{6^4}{\cancel{6^7}}} \times \frac{1}{\underset{1}{\cancel{13^2}}}_{\cancel{6^8}} = \frac{13^{\boxed{3}}}{\boxed{6}^{\boxed{4}}}$$

06

$$\frac{\overset{11^5}{\cancel{11^7}}}{\underset{50^7}{\cancel{50^{17}}}} \times \frac{1}{\underset{1}{\cancel{11^2}}}_{\cancel{50^{10}}} = \frac{\boxed{11}^{\boxed{5}}}{\boxed{50}^{\boxed{7}}}$$

▶ 개념 마무리 1

○ 안에는 부호를, □ 안에는 수를 알맞게 쓰세요.

정답 및 해설

01 $\left(-\dfrac{7}{2}\right)^3 \times \dfrac{4}{7}$

$=\left(\ominus \dfrac{7^{\boxed{3}}}{2^{\boxed{3}}}\right) \times \dfrac{2^{\boxed{2}}}{7}$

$=\ominus\left(\dfrac{7^{\boxed{3}}\,{}^{7^2}}{2^{\boxed{3}}\,{}_{2^1}} \times \dfrac{2^{\boxed{2}}\,{}^1}{7_1}\right)$

$=\ominus \dfrac{\boxed{49}}{\boxed{2}}$

02 $\left(\dfrac{5}{3}\right)^5 \times \left(\dfrac{3}{5}\right)^2$

$=\dfrac{5^{\cancel{5}}\,{}^{5^3}}{3^{\cancel{5}}\,{}_{3^3}} \times \dfrac{3^{\cancel{2}}\,{}^1}{5^{\cancel{2}}\,{}_1}$

$=\dfrac{\boxed{125}}{\boxed{27}}$

03 $\left(\dfrac{11}{4}\right)^4 \times \left(-\dfrac{4}{11}\right)^2$

$=\left(\dfrac{11^{\boxed{4}}}{4^{\boxed{4}}}\right) \times \left(\oplus \dfrac{4^{\boxed{2}}}{11^{\boxed{2}}}\right)$

$=\oplus\left(\dfrac{11^{\boxed{4}}\,{}^{11^2}}{4^{\boxed{4}}\,{}_{4^2}} \times \dfrac{4^{\boxed{2}}\,{}^1}{11^{\boxed{2}}\,{}_1}\right)$

$=\oplus \dfrac{\boxed{121}}{\boxed{16}}$

04 $\dfrac{9}{10} \times \left(-\dfrac{5}{9}\right)^2$

$=\dfrac{9}{10} \times \left(\oplus \dfrac{5^{\boxed{2}}}{9^{\boxed{2}}}\right)$

$=\oplus\left(\dfrac{9\,{}^1}{2\times\cancel{5}\,{}_1} \times \dfrac{5^{\boxed{2}}\,{}^{5^1}}{9^{\boxed{2}}\,{}_{9^1}}\right)$

$=\oplus \dfrac{\boxed{5}}{\boxed{18}}$

05 $-\dfrac{6^3}{7^2} \times \left(-\dfrac{7}{6}\right)^4$

$=\left(-\dfrac{6^3}{7^2}\right) \times \left(\oplus \dfrac{7^{\boxed{4}}}{6^{\boxed{4}}}\right)$

$=\ominus\left(\dfrac{6^{\cancel{3}}\,{}^1}{7^2} \times \dfrac{7^{\boxed{4}}\,{}^{7^2}}{6^{\boxed{4}}\,{}_{6^1}}\right)$

$=\ominus \dfrac{\boxed{49}}{\boxed{6}}$

06 $\left(-\dfrac{2}{3}\right)^3 \times \dfrac{9}{4}$

$=\left(\ominus \dfrac{2^{\boxed{3}}}{3^{\boxed{3}}}\right) \times \dfrac{3^{\boxed{2}}}{2^{\boxed{2}}}$

$=\ominus\left(\dfrac{2^{\boxed{3}}\,{}^{2^1}}{3^{\boxed{3}}\,{}_{3^1}} \times \dfrac{3^{\boxed{2}}\,{}^1}{2^{\boxed{2}}\,{}_1}\right)$

$=\ominus \dfrac{\boxed{2}}{\boxed{3}}$

▶ 개념 마무리 2

계산해 보세요.

01 $\dfrac{2^{97}}{5} \times \left(-\dfrac{1}{2}\right)^{95}$

$=\dfrac{2^{97}}{5} \times \left(-\dfrac{1}{2^{95}}\right)$

$=-\left(\dfrac{\overset{2^2}{\cancel{2^{97}}}}{5} \times \dfrac{1}{\underset{1}{\cancel{2^{95}}}}\right)$

$=-\dfrac{2^2}{5}$

$=-\dfrac{4}{5}$　　　　답: $-\dfrac{4}{5}$

02 $\left(-\dfrac{3}{8}\right)^{24} \times \left(-\dfrac{8^{23}}{3^{25}}\right)$

$=\left(+\dfrac{3^{24}}{8^{24}}\right) \times \left(-\dfrac{8^{23}}{3^{25}}\right)$

$=-\left(\dfrac{\overset{1}{\cancel{3^{24}}}}{\underset{8^1}{\cancel{8^{24}}}} \times \dfrac{\overset{1}{\cancel{8^{23}}}}{\underset{3^1}{\cancel{3^{25}}}}\right)$

$=-\dfrac{1}{24}$

03 $\left(-\dfrac{9}{11}\right)^7 \times \dfrac{11^8}{9^6}$

$=\left(-\dfrac{9^7}{11^7}\right) \times \dfrac{11^8}{9^6}$

$=-\left(\dfrac{\overset{9^1}{\cancel{9^7}}}{\underset{1}{\cancel{11^7}}} \times \dfrac{\overset{11^1}{\cancel{11^8}}}{\underset{1}{\cancel{9^6}}}\right)$

$=-99$

04 $\left(-\dfrac{4^{100}}{17^{99}}\right) \times \left(-\dfrac{17}{4}\right)^{98}$

$=\left(-\dfrac{4^{100}}{17^{99}}\right) \times \left(+\dfrac{17^{98}}{4^{98}}\right)$

$=-\left(\dfrac{\overset{4^2}{\cancel{4^{100}}}}{\underset{17^1}{\cancel{17^{99}}}} \times \dfrac{\overset{1}{\cancel{17^{98}}}}{\underset{1}{\cancel{4^{98}}}}\right)$

$=-\dfrac{4^2}{17}=-\dfrac{16}{17}$

05 $\dfrac{7^2}{6^{56}} \times \left(-\dfrac{6^{55}}{70}\right)$

$=\dfrac{7^2}{6^{56}} \times \left(-\dfrac{6^{55}}{7 \times 10}\right)$

$=-\left(\dfrac{\overset{7^1}{\cancel{7^2}}}{\underset{6^1}{\cancel{6^{56}}}} \times \dfrac{\overset{1}{\cancel{6^{55}}}}{\underset{1}{7 \times 10}}\right)$

$=-\left(\dfrac{7}{6} \times \dfrac{1}{10}\right)=-\dfrac{7}{60}$

06 $\left(-\dfrac{5^3}{12^{12}}\right) \times \dfrac{12^{10}}{25}$

$=\left(-\dfrac{5^3}{12^{12}}\right) \times \dfrac{12^{10}}{5^2}$

$=-\left(\dfrac{\overset{5^1}{\cancel{5^3}}}{\underset{12^2}{\cancel{12^{12}}}} \times \dfrac{\overset{1}{\cancel{12^{10}}}}{\underset{1}{\cancel{5^2}}}\right)$

$=-\dfrac{5}{12^2}=-\dfrac{5}{144}$

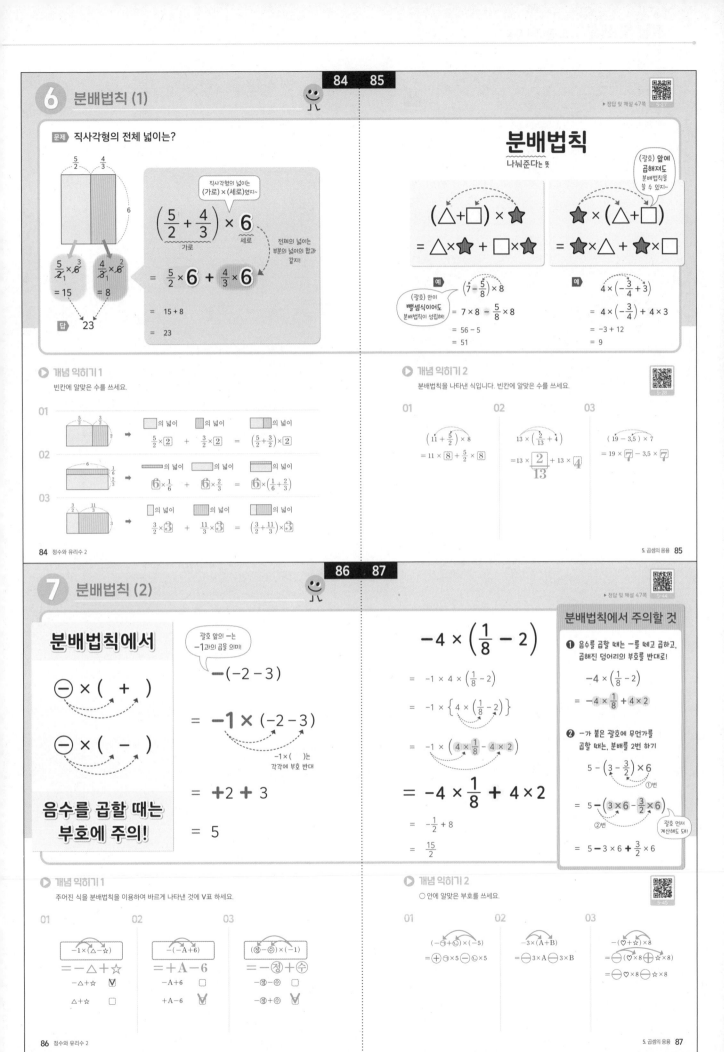

6 분배법칙 (1)

▶ 정답 및 해설 47쪽

문제 **직사각형의 전체 넓이는?**

직사각형의 넓이는 (가로)×(세로)였지~

$$\left(\frac{5}{2} + \frac{4}{3}\right) \times 6$$

가로 세로

전체의 넓이는 부분의 넓이의 합과 같지!

$$= \frac{5}{2} \times 6 + \frac{4}{3} \times 6$$

$$= 15 + 8$$

$$= 15 + 8$$

$$= 23$$

$\frac{5}{2} \times 6 = 15$

$\frac{4}{3} \times 6 = 8$

답 23

분배법칙
나눠준다는 뜻

$(\triangle + \square) \times \bigstar$
$= \triangle \times \bigstar + \square \times \bigstar$

(괄호) 앞에 곱해져도 분배법칙을 쓸 수 있지~

$\bigstar \times (\triangle + \square)$
$= \bigstar \times \triangle + \bigstar \times \square$

예
(괄호) 안이 **뺄셈식이어도** 분배법칙이 성립해!

$\left(7 - \frac{5}{8}\right) \times 8$
$= 7 \times 8 - \frac{5}{8} \times 8$
$= 56 - 5$
$= 51$

예
$4 \times \left(-\frac{3}{4} + 3\right)$
$= 4 \times \left(-\frac{3}{4}\right) + 4 \times 3$
$= -3 + 12$
$= 9$

▶ 개념 익히기 1

빈칸에 알맞은 수를 쓰세요.

01
☐의 넓이 ☐의 넓이 ☐의 넓이
$\frac{5}{2} \times \boxed{2} + \frac{3}{2} \times \boxed{2} = \left(\frac{5}{2} + \frac{3}{2}\right) \times \boxed{2}$

02
☐의 넓이 ☐의 넓이 ☐의 넓이
$\boxed{6} \times \frac{1}{6} + \boxed{6} \times \frac{2}{3} = \boxed{6} \times \left(\frac{1}{6} + \frac{2}{3}\right)$

03
☐의 넓이 ☐의 넓이 ☐의 넓이
$\frac{3}{2} \times \boxed{3} + \frac{11}{3} \times \boxed{3} = \left(\frac{3}{2} + \frac{11}{3}\right) \times \boxed{3}$

▶ 개념 익히기 2

분배법칙을 나타낸 식입니다. 빈칸에 알맞은 수를 쓰세요.

01
$\left(11 + \frac{5}{2}\right) \times 8$
$= 11 \times \boxed{8} + \frac{5}{2} \times \boxed{8}$

02
$13 \times \left(\frac{2}{13} + 4\right)$
$= 13 \times \frac{\boxed{2}}{13} + 13 \times \boxed{4}$

03
$(19 - 3.5) \times 7$
$= 19 \times \boxed{7} - 3.5 \times \boxed{7}$

84 정수와 유리수 2

5. 곱셈의 응용 85

7 분배법칙 (2)

▶ 정답 및 해설 47쪽

분배법칙에서

$\ominus \times (\ + \ )$

$\ominus \times (\ - \ )$

음수를 곱할 때는 **부호에 주의!**

괄호 앞의 −는 −1과의 곱을 의미!

$-(-2-3)$

$= -1 \times (-2-3)$

$-1 \times (\ )$는 각각에 부호 반대

$= +2 + 3$

$= 5$

$-4 \times \left(\frac{1}{8} - 2\right)$

$= -1 \times 4 \times \left(\frac{1}{8} - 2\right)$

$= -1 \times \left\{4 \times \left(\frac{1}{8} - 2\right)\right\}$

$= -1 \times \left(4 \times \frac{1}{8} - 4 \times 2\right)$

$= -4 \times \frac{1}{8} + 4 \times 2$

$= -\frac{1}{2} + 8$

$= \frac{15}{2}$

분배법칙에서 주의할 것

❶ 음수를 곱할 때는 −를 떼고 곱하고, 곱해진 덩어리의 부호를 반대로!

$-4 \times \left(\frac{1}{8} - 2\right)$
$= -4 \times \frac{1}{8} + 4 \times 2$

❷ −가 붙은 괄호에 무언가를 곱할 때는, 분배를 2번 하기

$5 - \left(3 - \frac{3}{2}\right) \times 6$ ①번
$= 5 - \left(3 \times 6 - \frac{3}{2} \times 6\right)$ ②번

괄호 먼저 계산해도 돼!

$= 5 - 3 \times 6 + \frac{3}{2} \times 6$

▶ 개념 익히기 1

주어진 식을 분배법칙을 이용하여 바르게 나타낸 것에 V표 하세요.

01
$-1 \times (\triangle - \bigstar)$
$= -\triangle + \bigstar$
$-\triangle + \bigstar$ ☑
$\triangle + \bigstar$ ☐

02
$-(-A + 6)$
$= +A - 6$
$+A + 6$ ☐
$+A - 6$ ☑

03
$(⬠ - ⬡) \times (-1)$
$= -⬠ + ⬡$
$-⬠ - ⬡$ ☐
$-⬠ + ⬡$ ☑

▶ 개념 익히기 2

○ 안에 알맞은 부호를 쓰세요.

01
$(-⬤ + ⬡) \times (-5)$
$= (+)⬤ \times 5 (-) ⬡ \times 5$

02
$-3 \times (A + B)$
$= (-) 3 \times A (-) 3 \times B$

03
$-(♡ + ☆) \times 8$
$= (-)(♡ \times 8 (+) ☆ \times 8)$
$= (-) ♡ \times 8 (-) ☆ \times 8$

86 정수와 유리수 2

5. 곱셈의 응용 87

정답 및 해설 **47**

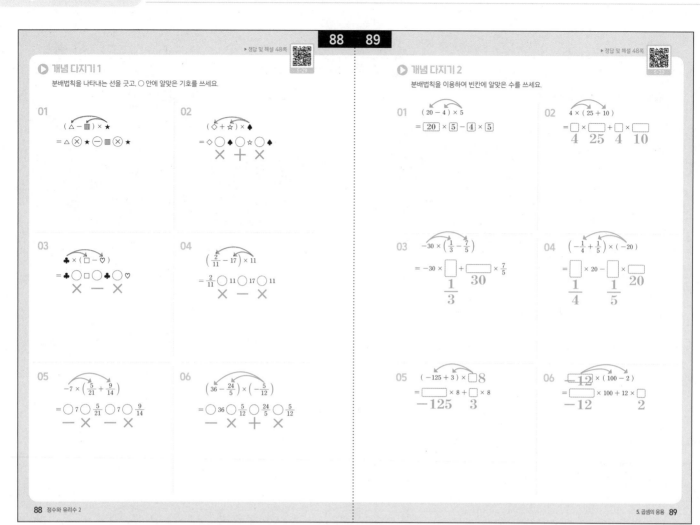

▶ 개념 마무리 1

분배법칙을 이용하여 계산해 보세요.

01 $16 \times \left\{ \frac{1}{4} + \left(-\frac{3}{2} \right) \right\}$

$= 16 \times \left(\frac{1}{4} - \frac{3}{2} \right)$

$= \overset{4}{16} \times \frac{1}{\underset{1}{4}} - \overset{8}{16} \times \frac{3}{\underset{1}{2}}$

$= 4 - 24$

$= -20$

답: -20

02 $\left(\frac{1}{2} + \frac{4}{5} \right) \times 10$

$= \frac{1}{\underset{1}{2}} \times \overset{5}{10} + \frac{4}{\underset{1}{5}} \times \overset{2}{10}$

$= 5 + 8$

$= 13$

03 $24 \times (1000 + 10)$

$= 24 \times 1000 + 24 \times 10$

$= 24000 + 240$

$= 24240$

04 $(-70) \times \left(3 - \frac{6}{7} \right)$

$= -70 \times 3 + \overset{10}{70} \times \frac{6}{\underset{1}{7}}$

$= -210 + 60$

$= -150$

05 $\left(1000 + \frac{2}{3} \right) \times \left(-\frac{9}{2} \right)$

$= -\overset{500}{1000} \times \frac{9}{\underset{1}{2}} - \frac{\overset{1}{2}}{\underset{1}{3}} \times \frac{\overset{3}{9}}{\underset{1}{2}}$

$= -4500 - 3$

$= -4503$

06 $-\left\{ 1.4 + \left(-\frac{7}{20} \right) \right\} \times 100$

$= -\left(1.4 - \frac{7}{20} \right) \times 100$

$= -\left(1.4 \times 100 - \frac{7}{\underset{1}{20}} \times \overset{5}{100} \right)$

$= -(140 - 35)$

$= -105$

▶ 개념 마무리 2

주어진 식의 값을 보고, 분배법칙을 이용하여 계산해 보세요.

01

$$\square \times \heartsuit = 9, \quad \triangle \times \heartsuit = 1$$

$$(\triangle - \square) \times \heartsuit = -8$$

$$\to \underset{=1}{\triangle \times \heartsuit} - \underset{=9}{\square \times \heartsuit}$$

$$= 1 - 9$$

$$= -8$$

02

$$\text{㉠} \times \text{㉡} = 12, \quad \text{㉢} \times \text{㉡} = 6$$

$$(\text{㉠} + \text{㉢}) \times \text{㉡} = 18$$

$$\to \underset{=12}{\text{㉠} \times \text{㉡}} + \underset{=6}{\text{㉢} \times \text{㉡}}$$

$$= 12 + 6$$

$$= 18$$

03

$$\text{①} \times \text{②} = -10, \quad \text{①} \times \text{③} = 4$$

$$\text{①} \times (\text{③} - \text{②}) = 14$$

$$\to \underset{=4}{\text{①} \times \text{③}} - \underset{=-10}{\text{①} \times \text{②}}$$

$$= 4 - (-10)$$

$$= 4 + 10$$

$$= 14$$

04

$$A \times (B + C) = 30, \quad A \times B = 14$$

$$A \times C = 16$$

$$A \times (B + C) = \underset{=14}{A \times B} + A \times C = 30$$

$$\to 14 + A \times C = 30$$

$$A \times C = 16$$

05

$$\text{㈜} \times (\text{㈛} - \text{㈒}) = 6, \quad \text{㈜} \times \text{㈒} = 3$$

$$\text{㈜} \times \text{㈛} = 9$$

$$\text{㈜} \times (\text{㈛} - \text{㈒}) = \text{㈜} \times \text{㈛} - \underset{=3}{\text{㈜} \times \text{㈒}} = 6$$

$$\to \text{㈜} \times \text{㈛} - 3 = 6$$

$$\text{㈜} \times \text{㈛} = 9$$

06

$$(\text{㋑} - \text{㋓}) \times \text{㋔} = 20, \quad \text{㋓} \times \text{㋔} = -17$$

$$\text{㋑} \times \text{㋔} = 3$$

$$(\text{㋑} - \text{㋓}) \times \text{㋔} = \text{㋑} \times \text{㋔} - \underset{=-17}{\text{㋓} \times \text{㋔}} = 20$$

$$\to \text{㋑} \times \text{㋔} - (-17) = 20$$

$$\text{㋑} \times \text{㋔} + 17 = 20$$

$$\text{㋑} \times \text{㋔} = 3$$

8 분배법칙 (3)

> ▶정답 및 해설 51쪽

( )로 묶는 것도 분배법칙!

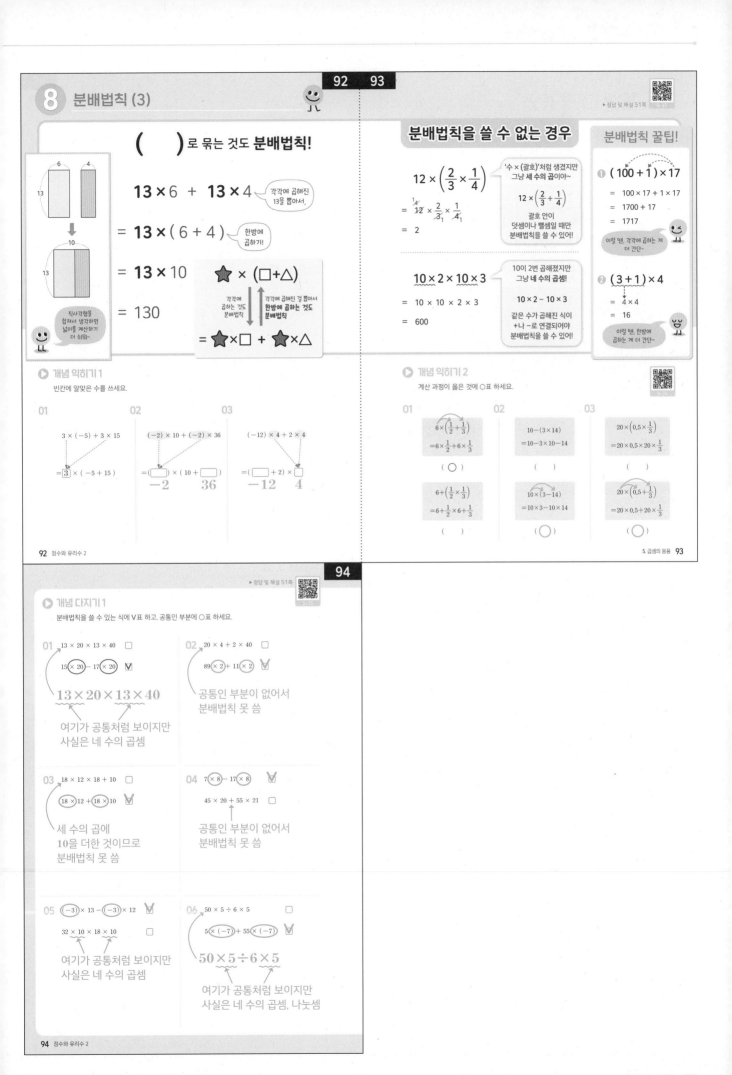

$13 \times 6 + 13 \times 4$ — 각각에 곱해진 13을 뽑아서.

$= 13 \times (6 + 4)$ — 한방에 곱하기!

$= 13 \times 10$

$= 130$

직사각형을 합쳐서 생각하면 넓이를 계산하기 더 쉬워~

$$\bigstar \times (\square + \triangle)$$

각각에 곱하는 것도 분배법칙 ⇕ 각각에 곱해진 걸 뽑아서 한방에 곱하는 것도 분배법칙

$$= \bigstar \times \square + \bigstar \times \triangle$$

분배법칙을 쓸 수 없는 경우

$12 \times \left(\dfrac{2}{3} \times \dfrac{1}{4} \right)$

'수 × (괄호)'처럼 생겼지만 그냥 세 수의 곱이야~

$12 \times \left(\dfrac{2}{3} + \dfrac{1}{4} \right)$

괄호 안이 덧셈이나 뺄셈일 때만 분배법칙을 쓸 수 있어!

$= \overset{1}{\cancel{12}} \times \dfrac{2}{\cancel{3}_1} \times \dfrac{1}{\cancel{4}_1}$

$= 2$

$\underline{10 \times 2} \times \underline{10 \times 3}$

10이 2번 곱해졌지만 그냥 네 수의 곱셈!

$10 \times 2 - 10 \times 3$

같은 수가 곱해진 식이 +나 -로 연결되어야 분배법칙을 쓸 수 있어!

$= 10 \times 10 \times 2 \times 3$

$= 600$

분배법칙 꿀팁!

❶ $(100 + 1) \times 17$

$= 100 \times 17 + 1 \times 17$

$= 1700 + 17$

$= 1717$

이럴 땐, 각각에 곱하는 게 더 간단~

❷ $(3 + 1) \times 4$

$= 4 \times 4$

$= 16$

이럴 땐, 한방에 곱하는 게 더 간단~

▶ 개념 익히기 1

빈칸에 알맞은 수를 쓰세요.

01

$3 \times (-5) + 3 \times 15$

$= \boxed{3} \times (-5 + 15)$

02

$(-2) \times 10 + (-2) \times 36$

$= (\boxed{}) \times (10 + \boxed{})$
$\quad\quad -2 \quad\quad\quad\quad 36$

03

$(-12) \times 4 + 2 \times 4$

$= (\boxed{} + 2) \times \boxed{}$
$\quad -12 \quad\quad\quad\quad 4$

▶ 개념 익히기 2

계산 과정이 옳은 것에 ○표 하세요.

01

$6 \times \left(\dfrac{1}{2} \times \dfrac{1}{3} \right)$
$= 6 \times \dfrac{1}{2} + 6 \times \dfrac{1}{3}$
(○)

$6 + \left(\dfrac{1}{2} \times \dfrac{1}{3} \right)$
$= 6 + \dfrac{1}{2} \times 6 + \dfrac{1}{3}$
( )

02

$10 - (3 \times 14)$
$= 10 - 3 \times 10 - 14$
( )

$10 \times (3 - 14)$
$= 10 \times 3 - 10 \times 14$
(○)

03

$20 \times \left(0.5 \times \dfrac{1}{3} \right)$
$= 20 \times 0.5 \times 20 \times \dfrac{1}{3}$
( )

$20 \times \left(0.5 + \dfrac{1}{3} \right)$
$= 20 \times 0.5 + 20 \times \dfrac{1}{3}$
(○)

> ▶정답 및 해설 51쪽

▶ 개념 다지기 1

분배법칙을 쓸 수 있는 식에 V표 하고, 공통인 부분에 ○표 하세요.

01

$13 \times 20 \times 13 \times 40$ □

$15 \boxed{\times 20} - 17 \boxed{\times 20}$ ☑

$13 \times 20 \times 13 \times 40$

여기가 공통처럼 보이지만 사실은 네 수의 곱셈

02

$20 \times 4 + 2 \times 40$ □

$89 \boxed{\times 2} + 11 \boxed{\times 2}$ ☑

공통인 부분이 없어서 분배법칙 못 씀

03

$18 \times 12 \times 18 + 10$ □

$\boxed{18 \times} 12 + \boxed{18 \times} 10$ ☑

세 수의 곱에 10을 더한 것이므로 분배법칙 못 씀

04

$7 \boxed{\times 8} - 17 \boxed{\times 8}$ ☑

$45 \times 20 + 55 \times 21$ □

공통인 부분이 없어서 분배법칙 못 씀

05

$\boxed{(-3)} \times 13 - \boxed{(-3)} \times 12$ ☑

$32 \times 10 \times 18 \times 10$ □

여기가 공통처럼 보이지만 사실은 네 수의 곱셈

06

$50 \times 5 \div 6 \times 5$ □

$5 \boxed{\times (-7)} + 55 \boxed{\times (-7)}$ ☑

$50 \times 5 \div 6 \times 5$

여기가 공통처럼 보이지만 사실은 네 수의 곱셈, 나눗셈

▶ 개념 다지기 2

분배법칙을 이용하여 계산해 보세요.

01

$$45 \times (-2.1) + 55 \times (-2.1)$$
공통   공통

$$=(45+55) \times (-2.1)$$

$$=100 \times (-2.1)$$

$$=-210$$

답: -210

02

$$5 \times 3.4 + 5 \times 2.6$$

$$=5 \times (3.4+2.6)$$

$$=5 \times 6$$

$$=30$$

03

$$(-7) \times 95 + (-7) \times 5$$

$$=(-7) \times (95+5)$$

$$=(-7) \times 100$$

$$=-700$$

04

$$50 \times 5.9 - 50 \times 2.9$$

$$=50 \times (5.9-2.9)$$

$$=50 \times 3$$

$$=150$$

05

$$1.3 \times 102 - 1.3 \times 2$$

$$=1.3 \times (102-2)$$

$$=1.3 \times 100$$

$$=130$$

06

$$1.9 \times (-12) + (-3.9) \times (-12)$$

$$=\{1.9+(-3.9)\} \times (-12)$$

$$=(-2) \times (-12)$$

$$=+24$$

▶ 개념 마무리 1

분배법칙을 이용하여 계산하려고 합니다. 빈칸을 알맞게 채우고, 계산해 보세요.

01 7×1999

$= 7 \times (\boxed{2000} - \boxed{1})$

$= \boxed{14000} - \boxed{7}$

$= \boxed{13993}$

02 11×102

$= 11 \times (\boxed{100} + \boxed{2})$

$= \boxed{1100} + \boxed{22}$

$= \boxed{1122}$

03 303×14

$= (\boxed{300} + \boxed{3}) \times 14$

$= \boxed{4200} + \boxed{42}$

$= \boxed{4242}$

04 9994×5

$= (\boxed{10000} - \boxed{6}) \times 5$

$= \boxed{50000} - \boxed{30}$

$= \boxed{49970}$

05 101×39

$= (100 + 1) \times 39$

$= 3900 + 39$

$= 3939$

> *다른 풀이 방법도 있습니다.
> $$101 \times 39$$
> $$= 101 \times (40 - 1)$$
> $$= 4040 - 101$$
> $$= 3939$$

06 16×998

$= 16 \times (1000 - 2)$

$= 16000 - 32$

$= 15968$

▶ 개념 마무리 2

계산해 보세요.

01 $\left\{\dfrac{1}{5}+\left(-\dfrac{2}{9}\right)\right\}\times 45+15$

$=\left(\dfrac{1}{5}-\dfrac{2}{9}\right)\times 45+15$

$=\dfrac{1}{5}\times 45-\dfrac{2}{9}\times 45+15$

$=9-10+15$

$=14$

답: 14

02 $(-1)^{1001}+18\times\left(\dfrac{1}{2}-\dfrac{5}{9}\right)$

$=-1+18\times\dfrac{1}{2}-18\times\dfrac{5}{9}$

$=-1+9-10$

$=-2$

03 $\dfrac{3}{2}\times\left\{-\dfrac{8}{3}+(-2)^3\right\}$

$=\dfrac{3}{2}\times\left\{-\dfrac{8}{3}+(-8)\right\}$

$=\dfrac{3}{2}\times\left(-\dfrac{8}{3}-8\right)$

$=-\dfrac{3}{2}\times\dfrac{8}{3}-\dfrac{3}{2}\times 8$

$=-4-12$

$=-16$

04 $8-\left(\dfrac{1}{8}-2\right)\times(-4)^2$

$=8-\left(\dfrac{1}{8}-2\right)\times(+16)$

$=8-\left(\dfrac{1}{8}\times 16-2\times 16\right)$

$=8-(2-32)$

$=8-(-30)$

$=8+30$

$=38$

05 $24\times\left\{\left(-\dfrac{1}{2}\right)^2+\dfrac{5}{3}\right\}-17$

$=24\times\left(+\dfrac{1}{4}+\dfrac{5}{3}\right)-17$

$=24\times\dfrac{1}{4}+24\times\dfrac{5}{3}-17$

$=6+40-17$

$=29$

06 $\left(\dfrac{1}{2^2}-0.05\right)\times(-20)-(-10)$

$=\left(\dfrac{1}{4}-\dfrac{5}{100}\right)\times(-20)-(-10)$

$=-\dfrac{1}{4}\times 20+\dfrac{5}{100}\times 20-(-10)$

$=-5+1+(+10)$

$=6$

01 $3^4 = 3 \times 3 \times 3 \times 3$
$\quad = 81$

답 ⑤

---

5. 곱셈의 응용 　　　　　**단원 마무리**

01 다음 중 3^4과 같은 수는? 　⑤
　① 6 　　　　② 12
　③ 9 　　　　④ 27
　⑤ 81

04 ○ 안에는 부호를, □ 안에는 수를 알맞게 쓰시오.
$$\left(-\frac{2}{3}\right)^{\square} = \ominus \frac{8}{27}$$

02 곱셈식 $(-6) \times (-6) \times (-6)$을 거듭제곱으로 바르게 나타낸 것은? 　②
　① 6^3 　　　　② $(-6)^3$
　③ 6^{-3} 　　　　④ $(-6) \times 3$
　⑤ $(-3)^4$

05 다음 계산 과정에서 (가), (나)에 이용된 계산법칙을 쓰시오.

$(-9) \times 48 + 52 \times (-9)$ ┈┈(가)
$= (-9) \times 48 + (-9) \times 52$ ◀┈┈
$= (-9) \times (48 + 52)$ ◀┈┈┈(나)
$= (-9) \times 100$
$= -900$

(가) **곱셈의 교환법칙**
(나) **분배법칙**

03 5^4에 대한 설명으로 옳지 않은 것은? 　⑤
　① 밑은 5입니다.
　② 지수는 4입니다.
　③ 5의 네제곱이라고 읽습니다.
　④ 5를 네 번 곱한 수입니다.
　⑤ 4^5과 같은 수입니다.

98 정수와 유리수 2

03

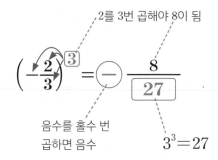

5^4
　　지수
　　밑
뜻: $5 \times 5 \times 5 \times 5$
읽는 법: 5의 네제곱

답 ⑤

04

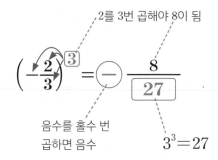

2를 3번 곱해야 8이 됨

$$\left(-\frac{2}{3}\right)^{\boxed{3}} = \ominus \frac{8}{\boxed{27}}$$

음수를 홀수 번 곱하면 음수 　　$3^3 = 27$

05

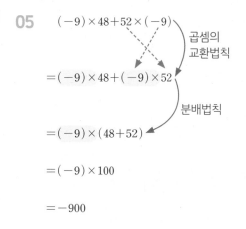

$(-9) \times 48 + 52 \times (-9)$

　　　　곱셈의 교환법칙

$= (-9) \times 48 + (-9) \times 52$

　　　　분배법칙

$= (-9) \times (48 + 52)$

$= (-9) \times 100$

$= -900$

답 (가) 곱셈의 교환법칙
　　(나) 분배법칙

99쪽 풀이

06

① $(-5)^2$
$=+25$

② $-(+2)^6$
$=-(+64)$
$=-64$

③ $\dfrac{8}{(-3)^2}$
$=\dfrac{8}{+9}$
$=\dfrac{8}{9}$

④ $\dfrac{7^2}{2}$
$=\dfrac{49}{2}$

⑤ $\left(-\dfrac{1}{4}\right)^3$
$=-\dfrac{1}{4^3}$
$=-\dfrac{1}{64}$

답 ③

06 거듭제곱을 바르게 계산한 것은? ③
① $(-5)^2=-25$ ② $-(+2)^6=6^2$
③ $\dfrac{8}{(-3)^2}=\dfrac{8}{9}$ ④ $\dfrac{7^2}{2}=\dfrac{49}{4}$
⑤ $\left(-\dfrac{1}{4}\right)^3=\dfrac{1}{64}$

07 다음을 계산하시오.
$\left(315-\dfrac{12}{5}\right)\times\dfrac{5}{3}=521$

08 직사각형의 가로가 $\left(\dfrac{5}{2}\right)^4$ cm, 세로가 $\dfrac{2^2}{25}$ cm
일 때, 직사각형의 넓이는 몇 cm²인지 구하시오.

$\dfrac{25}{4}$ cm²

09 다음 중 계산 결과가 다른 하나는? ④
① $(-1)^{9999}$
② -1^1
③ $-(-1)\times(-1)$
④ $1^{111}\times(-1)^{110}$
⑤ $-(-1)^3\times(-1)^4\times(-1)^5$

10 다음 중 계산 결과가 $\dfrac{4^2}{7}$ 인 것은? ⑤
① $\dfrac{4}{7\times7}\times\dfrac{7}{4\times4\times4}$
② $\dfrac{4\times4\times4}{7}\times\dfrac{4}{7\times7}$
③ $\left(\dfrac{4}{7}\right)^2\times\dfrac{7}{4}$
④ $\dfrac{4^4}{7}\times\left(-\dfrac{7}{4}\right)^2$
⑤ $\dfrac{4\times4\times4}{7^4}\times\dfrac{7^3}{4}$

07

$\left(315-\dfrac{12}{5}\right)\times\dfrac{5}{3}$

$=\overset{105}{315}\times\dfrac{5}{3}-\dfrac{\overset{4}{12}}{\underset{1}{5}}\times\dfrac{\overset{1}{5}}{\underset{1}{3}}$

$=105\times5-4$
$=525-4$
$=521$

답 521

08 (직사각형의 넓이)=(가로)×(세로)

$\rightarrow\left(\dfrac{5}{2}\right)^4\times\dfrac{2^2}{25}$

$=\dfrac{\overset{5^2}{5^4}}{\underset{2^2}{2^4}}\times\dfrac{\overset{1}{2^2}}{\underset{1}{5^2}}$

$=\dfrac{5^2}{2^2}$

$=\dfrac{25}{4}$

답 $\dfrac{25}{4}$ cm²

09

① $(-1)^{9999}$
$=-1$

② -1^1
$=-1$

③ $-(-1)\times(-1)$
$=(+1)\times(-1)$
$=-1$

④ $1^{111}\times(-1)^{110}$
$=1\times(+1)$
$=+1$

⑤ $-(-1)^3\times(-1)^4\times(-1)^5$
$=-(-1)\times(+1)\times(-1)$
$=(+1)\times(+1)\times(-1)$
$=-1$

답 ④

10 ① $\dfrac{\overset{1}{\cancel{4}}}{\underset{1}{\cancel{7}}\times 7}\times\dfrac{\overset{1}{\cancel{7}}}{\cancel{4}\times 4\times 4}=\dfrac{1}{7\times 4^2}$

② $\dfrac{4\times 4\times 4}{7}\times\dfrac{4}{7\times 7}=\dfrac{4^4}{7^3}$

③ $\left(\dfrac{4}{7}\right)^2\times\dfrac{7}{4}=\dfrac{\overset{\overset{1}{4^2}}{\cancel{4^2}}}{\underset{7^1}{\cancel{7^2}}}\times\dfrac{\overset{1}{\cancel{7}}}{\underset{1}{\cancel{4}}}=\dfrac{4}{7}$

④ $\dfrac{4^4}{7}\times\left(-\dfrac{7}{4}\right)^2=\dfrac{\overset{2}{\cancel{4^4}}}{\underset{1}{\cancel{7}}}\times\left(+\dfrac{\overset{1}{\cancel{7^2}}}{\underset{1}{\cancel{4^2}}}\right)=4^2\times 7$

⑤ $\dfrac{\overset{1}{\cancel{4}}\times 4\times 4}{\underset{7^1}{\cancel{7^4}}}\times\dfrac{\overset{\overset{3}{\cancel{7}}}{}}{\underset{1}{\cancel{4}}}=\dfrac{4^2}{7}$

답 ⑤

11

① $(△-○)\times☆$
$=△\times☆-○\times☆$
$\ne△\times○-○\times☆$

② $A\times(-B+C)$
$=A\times(-B)+A\times C$

③ $♣\times(♡-◇)$
$=♣\times♡-♣\times◇$

④ $㉠\times(㉡+㉢)$
$=㉠\times㉡+㉠\times㉢$

⑤ $(□+♣)\times♡$
$=□\times♡+♣\times♡$

답 ①

13 $2.8\times 12.5+7.2\times 12.5$
$=(2.8+7.2)\times 12.5$
$=10\times 12.5$
$=125$

답 125

100

단원 마무리

11 분배법칙을 이용하여 나타낸 식으로 옳지 <u>않은</u>
것은? ①

① $(△-○)\times☆=△\times○-○\times☆$
② $A\times(-B+C)=A\times(-B)+A\times C$
③ $♣\times(♡-◇)=♣\times♡-♣\times◇$
④ $㉠\times(㉡+㉢)=㉠\times㉡+㉠\times㉢$
⑤ $(□+♣)\times♡=□\times♡+♣\times♡$

12 다음 식을 보고 계산 순서대로 기호를 쓰시오.

$$12-\left\{-\dfrac{1}{3}\times\left(\dfrac{3}{2}\right)^2+\dfrac{5}{4}\right\}\times(-4)$$
$\quad\quad ㉠\quad\quad ㉡ ㉢\quad ㉣\quad\quad ㉤$

㉢, ㉡, ㉣, ㉤, ㉠

13 분배법칙을 이용하여 $2.8\times 12.5+7.2\times 12.5$
를 계산하시오.
125

14 다음 설명 중 옳지 <u>않은</u> 것은? ⑤

① 음수의 네제곱은 양수입니다.
② -5^3은 부호는 그대로이고, 5만 3번 곱한
다는 뜻입니다.
③ 거듭제곱이 있는 식을 계산할 때, 거듭제곱
을 가장 먼저 계산합니다.
④ n이 홀수일 때, $(-2)^n=-2^n$입니다.
⑤ 괄호로 묶인 뺄셈식에 어떤 수를 곱할 때
에는 분배법칙을 쓸 수 없습니다.

15 다음을 계산하시오. 7
$$20\times\left(\dfrac{3}{4}\times\dfrac{2}{5}\right)+10\times\left(-0.2+\dfrac{3}{10}\right)$$

100쪽 풀이

14 ① 음수의 네제곱은 양수입니다. (○)

$$\ominus^4 \rightarrow \ominus \times \ominus \times \ominus \times \ominus \rightarrow \oplus$$

② -5^3은 부호는 그대로이고, 5만 3번 곱한다는 뜻입니다. (○)

$$-5^3 = -5 \times 5 \times 5$$

③ 거듭제곱이 있는 식을 계산할 때,
거듭제곱을 가장 먼저 계산합니다. (○)

④ n이 홀수일 때, $(-2)^n = -2^n$ 입니다. (○)

$$(-2)^n = -2^n$$

음수를 홀수 번
곱하면 음수

⑤ 괄호로 묶인 뺄셈식에 어떤 수를 곱할 때에는 분배법칙을
쓸 수 없습니다. (×)

→ 괄호 안의 식이 뺄셈식이어도 분배법칙을 쓸 수 있음

$$(\triangle - \square) \times ☆ = \triangle \times ☆ - \square \times ☆$$

답 ⑤

15

$$20 \times \left(\frac{3}{4} \times \frac{2}{5} \right) + 10 \times \left(-0.2 + \frac{3}{10} \right)$$

세 수의 곱셈이므로   분배법칙 쓸 수 있음
분배법칙 못 씀

$$= 20 \times \left(\frac{3}{\underset{2}{4}} \times \frac{2}{5} \right) - 10 \times 0.2 + 10 \times \frac{3}{\underset{1}{10}}$$

$$= \overset{2}{20} \times \frac{3}{\underset{1}{10}} - 2 + 3$$

$$= 6 - 2 + 3$$

$$= 7$$

답 7

101쪽 풀이

16

$$-(-2)^3 \times \left(-\frac{5}{2} \right)^2 \times \frac{1}{3^3} \times \frac{(-3)^2}{5}$$

$$= -(-2^3) \times \left(+\frac{5^2}{2^2} \right) \times \frac{1}{3^3} \times \frac{(+3^2)}{5}$$

$$= (+2^3) \times \left(+\frac{5^2}{2^2} \right) \times \frac{1}{3^3} \times \frac{(+3^2)}{5}$$

$$= + \left(\frac{2^{\overset{1}{3}}}{2^2_{\,1}} \times \frac{5^{\overset{1}{2}}}{\underset{1}{5}} \times \frac{1}{3^3_{\,1}} \times \frac{3^{\overset{1}{2}}}{\underset{1}{5}} \right)$$

$$= 2 \times 5 \times \frac{1}{3}$$

$$= \frac{10}{3}$$

* 거듭제곱을 전부 계산한 다음, 곱해도 됩니다.

답 $\dfrac{10}{3}$

101

▶ 정답 및 해설 57~59쪽

16 다음을 계산하시오. $\dfrac{10}{3}$

$$-(-2)^3 \times \left(-\frac{5}{2} \right)^2 \times \frac{1}{3^3} \times \frac{(-3)^2}{5}$$

17 $© \times ⊙ = -12$, $(© - ⊙) \times © = 30$일 때,
$© \times ©$의 값을 구하시오.

18

18 $a < 0$, $b < 0$일 때, 다음 식의 부호를 부등호로
바르게 나타낸 것은? ④

① $-a^3 > 0$ ② $a \times b < 0$
③ $-a^2 + b^2 < 0$ ④ $-(-b)^4 < 0$
⑤ $a^9 - b^{10} > 0$

19 다음 중에서 가장 큰 수와 가장 작은 수의 곱
이 -2^a일 때, 상수 a의 값을 구하시오.

$$32 \quad -(-2)^3 \quad \frac{1}{2^4} \quad \left(-\frac{1}{2} \right)^3 \quad 4^2$$

2

20 $(-1) + (-1)^2 + (-1)^3 + (-1)^4 + \cdots$
$+ (-1)^{999} + (-1)^{1000}$을 계산하시오.

0

5. 곱셈의 응용 **101**

17 ⓒ×㉠=−12, (ⓒ−㉠)×ⓒ=30일 때, ⓒ×ⓒ의 값은?

$$(ⓒ-㉠)×ⓒ=30$$
$$ⓒ×ⓒ-㉠×ⓒ=30$$
$$\underset{=-12}{\underbrace{}}$$
$$ⓒ×ⓒ-(-12)=30$$
$$ⓒ×ⓒ+12=30$$
$$ⓒ×ⓒ=18$$

답 18

18 a는 $\ominus$, b도 $\ominus$

① $-a^2$
→ $-(\ominus)^2$
→ $-\oplus$
→ $\ominus$

→ $-a^2<0$

② $a×b$
→ $\ominus×\ominus$
→ $\oplus$

→ $a×b>0$

③ a^2+b^2
→ $\ominus^2+\ominus^2$
→ $\oplus+\oplus$
→ $\oplus$

→ $a^2+b^2>0$

④ $-(-b)^4$
→ $-(-\ominus)^4$
→ $-(\oplus)^4$
→ $-\oplus$
→ $\ominus$

→ $-(-b)^4<0$

⑤ a^9-b^{10}
→ $\ominus^9-\ominus^{10}$
→ $\ominus-\oplus$
→ $\ominus+\ominus$
→ $\ominus$

→ $a^9-b^{10}<0$

답 ④

19

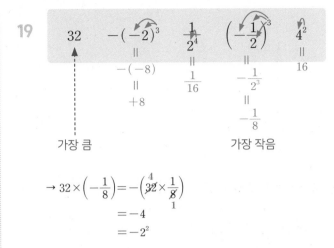

$$32 \qquad -(-2)^3 \qquad \frac{1}{2^4} \qquad \left(-\frac{1}{2}\right)^3 \qquad 4^2$$
$$\qquad \quad \overset{\|}{-(-8)} \quad \overset{\|}{\frac{1}{16}} \quad \overset{\|}{-\frac{1}{2^3}} \quad \overset{\|}{16}$$
$$\qquad \quad \overset{\|}{+8} \qquad\qquad \overset{\|}{-\frac{1}{8}}$$

가장 큼 .... 가장 작음

$$→ 32×\left(-\frac{1}{8}\right)=-\left(\overset{4}{\cancel{32}}×\frac{1}{\cancel{8}_1}\right)$$
$$=-4$$
$$=-2^2$$

따라서, $-2^a=-2^2$
→ $a=2$

답 2

20 $(-1)^{홀수}=-1$, $(-1)^{짝수}=+1$ 이므로

$$(-1)+\underset{\substack{\| \\ +1}}{\underbrace{(-1)^2}}+\underset{\substack{\| \\ -1}}{\underbrace{(-1)^3}}+\underset{\substack{\| \\ +1}}{\underbrace{(-1)^4}}+\cdots$$
$$+\underset{\substack{\| \\ -1}}{\underbrace{(-1)^{999}}}+\underset{\substack{\| \\ +1}}{\underbrace{(-1)^{1000}}}$$

$$=\underset{\substack{\| \\ 0}}{\underbrace{(-1)+(+1)}}+\underset{\substack{\| \\ 0}}{\underbrace{(-1)+(+1)}}+\cdots+\underset{\substack{\| \\ 0}}{\underbrace{(-1)+(+1)}}$$

$$=0$$

답 0

102쪽 풀이

21 어떤 수를 □라 하면,

$$\square + \frac{1}{2} = \frac{13}{8}$$

$$\square = \frac{13}{8} - \frac{1}{2}$$

$$\square = \frac{13}{8} - \frac{4}{8}$$

$$\square = \frac{9}{8}$$

→ 바르게 계산한 값을 구하면, $\frac{9}{8} \times \frac{1}{2} = \frac{9}{16} = \left(\frac{3}{4}\right)^2$

따라서, $\left(\frac{a}{b}\right)^2 = \left(\frac{3}{4}\right)^2$

→ $a=3$, $b=4$

→ $a+b=7$

답 7

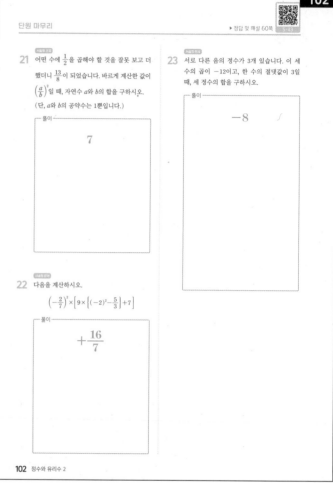

22

$$\left(-\frac{2}{7}\right)^2 \times \left[9 \times \left\{(-2)^2 - \frac{5}{3}\right\} + 7\right]$$

$$= \left(+\frac{4}{49}\right) \times \left\{9 \times \left(+4 - \frac{5}{3}\right) + 7\right\}$$

$$= \left(+\frac{4}{49}\right) \times \left(9 \times 4 - \overset{3}{\cancel{9}} \times \frac{5}{\cancel{3}_1} + 7\right)$$

$$= \left(+\frac{4}{49}\right) \times (36 - 15 + 7)$$

$$= \left(+\frac{4}{49}\right) \times 28$$

$$= + \left(\frac{4}{\cancel{49}_7} \times \overset{4}{\cancel{28}}\right)$$

$$= + \frac{16}{7}$$

답 $+\frac{16}{7}$

23

- 서로 다른 음의 정수가 3개
- 이 세 수의 곱이 -12
- 한 수의 절댓값이 3 → 이 수는 -3

음의 정수 3개를 -3, □, △라 하면,
세 수의 곱이 -12이므로

$$(-3) \times \square \times \triangle = -12$$
$$\square \times \triangle = 4$$

음의 정수를 두 개 곱해서 4가 되는 경우는
$(-1) \times (-4)$, $(-2) \times (-2)$ 밖에 없음

그런데, 세 수가 모두 다른 수여야 하므로
-2, -2는 될 수 없음

→ 세 정수는 -3, -1, -4

→ 세 정수의 합은,
$(-3) + (-1) + (-4) = -8$

답 -8

1 음수가 있는 나눗셈

▶ 정답 및 해설 61쪽

자연수의 나눗셈

$$20 \div 4 = ?$$

곱한 것이

맨 앞의 수!

$$\Rightarrow 4 \times ? = 20$$

$$? = 5$$

자연수의 나눗셈은 곱셈식으로 바꿔서 계산했었지!

정수의 나눗셈도 곱셈식으로 바꿔 봐!

$$(-20) \div (+4) = ?$$

곱한 것이

맨 앞의 수!

$$\Rightarrow (+4) \times ? = -20$$
앞수와 곱해서 음수니까, ?는 음수

$$? = -5$$

$(+20) \div (+4) = ?$

$\Rightarrow (+4) \times \boxed{?} = +20$

$+5$

$(+20) \div (-4) = ?$

$\Rightarrow (-4) \times \boxed{?} = +20$

-5

$(-20) \div (-4) = ?$

$\Rightarrow (-4) \times \boxed{?} = -20$

$+5$

▶ 개념 익히기 1

나눗셈식을 곱셈식으로 쓸 때, 곱해지는 두 수에 ○표 하세요.

01

$\square \div \triangle = \heartsuit$

02

㉮ ÷ ㉯ = ㉰

03

C = A ÷ B

▶ 개념 익히기 2

○ 안에 알맞은 부호를 쓰세요.

01

$(+) \div (-) \Rightarrow (-)$
곱해서

02

$(-) \div (-) \Rightarrow (+)$
곱해서

03

$(-) \div (+) \Rightarrow (-)$
곱해서

106 정수와 유리수 2

6. 유리수의 나눗셈 107

▶ 정답 및 해설 61쪽

▶ 개념 다지기 1

나눗셈식을 곱셈식으로 쓰세요.

01 A ÷ B = C

➡ B × C = A

02 $(-54) \div (+6) = -9$

➡ $(+6) \times (-9) = -54$

03 $(-35) \div 7 = -5$

➡ $7 \times (-5) = -35$

04 ㉠ ÷ ㉡ = ㉢

➡ ㉡ × ㉢ = ㉠

05 $(-30) \div (-5) = 6$

➡ $(-5) \times 6 = -30$

06 ㉮ ÷ ㉯ = ㉰

➡ ㉱ × ㉲ = ㉳

▶ 개념 다지기 2

○ 안에 알맞은 부호를 쓰세요.

01 $20 \div (-4) = \ominus 5$
곱해서

02 $(+40) \div (\oplus 5) = +8$
곱해서

03 $(-16) \div (+2) = \ominus 8$
곱해서

04 $36 \div (\ominus 9) = -4$
곱해서

05 $(-18) \div (-6) = \oplus 3$

06 $(\ominus 42) \div (+7) = -6$

108 정수와 유리수 2

6. 유리수의 나눗셈 109

정답 및 해설 **61**

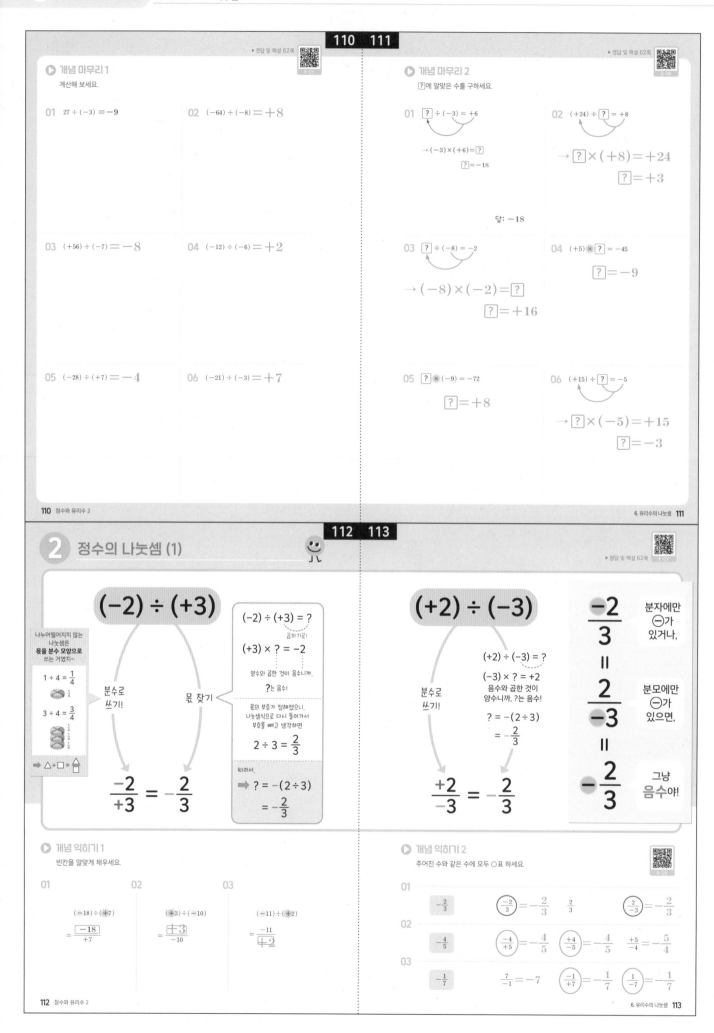

110 111

개념 마무리 1
계산해 보세요.

01 $27 \div (-3) = -9$

02 $(-64) \div (-8) = +8$

03 $(+56) \div (-7) = -8$

04 $(-12) \div (-6) = +2$

05 $(-28) \div (+7) = -4$

06 $(-21) \div (-3) = +7$

개념 마무리 2
?에 알맞은 수를 구하세요.

01 $\boxed{?} \div (-3) = +6$
→ $(-3) \times (+6) = \boxed{?}$
$\boxed{?} = -18$

02 $(+24) \div \boxed{?} = +8$
→ $\boxed{?} \times (+8) = +24$
$\boxed{?} = +3$

답: -18

03 $\boxed{?} \div (-8) = -2$
→ $(-8) \times (-2) = \boxed{?}$
$\boxed{?} = +16$

04 $(+5) \times \boxed{?} = -45$
$\boxed{?} = -9$

05 $\boxed{?} \times (-9) = -72$
$\boxed{?} = +8$

06 $(+15) \div \boxed{?} = -5$
→ $\boxed{?} \times (-5) = +15$
$\boxed{?} = -3$

112 113

2 정수의 나눗셈 (1)

▶정답 및 해설 62쪽

$(-2) \div (+3)$

나누어떨어지지 않는
나눗셈은
몫을 분수 모양으로
쓰는 거였지~

$1 \div 4 = \dfrac{1}{4}$

$3 \div 4 = \dfrac{3}{4}$

➡ $\triangle \div \square = \dfrac{\triangle}{\square}$

분수로
쓰기!

몫 찾기!

$(-2) \div (+3) = ?$
곱하기로!
$(+3) \times ? = -2$
양수와 곱한 것이 음수니까,
? 는 음수!

몫의 부호가 정해졌으니,
나눗셈식으로 다시 돌아가서
부호를 빼고 생각하면
$2 \div 3 = \dfrac{2}{3}$

따라서,
➡ $? = -(2 \div 3)$
$= -\dfrac{2}{3}$

$\dfrac{-2}{+3} = -\dfrac{2}{3}$

$(+2) \div (-3)$

분수로
쓰기!

$(+2) \div (-3) = ?$
$(-3) \times ? = +2$
음수와 곱한 것이
양수니까, ?는 음수!
$? = -(2 \div 3)$
$= -\dfrac{2}{3}$

$\dfrac{+2}{-3} = -\dfrac{2}{3}$

$\dfrac{-2}{3}$
$=$
$\dfrac{2}{-3}$
$=$
$-\dfrac{2}{3}$

분자에만
⊖가
있거나,

분모에만
⊖가
있으면,

그냥
음수야!

개념 익히기 1
빈칸을 알맞게 채우세요.

01 $(-18) \div (+7)$
$= \dfrac{-18}{+7}$

02 $(+3) \div (-10)$
$= \dfrac{+3}{-10}$

03 $(-11) \div (+2)$
$= \dfrac{-11}{+2}$

개념 익히기 2
주어진 수와 같은 수에 모두 ○표 하세요.

01 $-\dfrac{2}{3}$ $\left(\dfrac{-2}{+3}\right) = -\dfrac{2}{3}$ $\dfrac{2}{3}$ $\left(\dfrac{2}{-3}\right) = -\dfrac{2}{3}$

02 $-\dfrac{4}{5}$ $\left(\dfrac{-4}{+5}\right) = -\dfrac{4}{5}$ $\left(\dfrac{+4}{-5}\right) = -\dfrac{4}{5}$ $\dfrac{+5}{-4}$ $-\dfrac{5}{4}$

03 $-\dfrac{1}{7}$ $\dfrac{7}{-1} = -7$ $\left(\dfrac{-1}{+7}\right) = -\dfrac{1}{7}$ $\left(\dfrac{1}{-7}\right) = -\dfrac{1}{7}$

3 정수의 나눗셈 (2)

▶정답 및 해설 63쪽

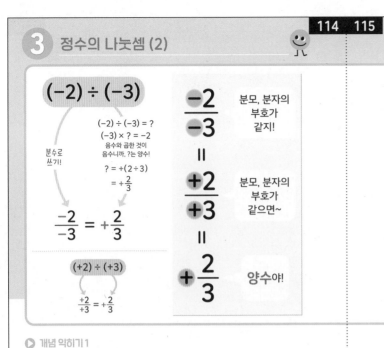

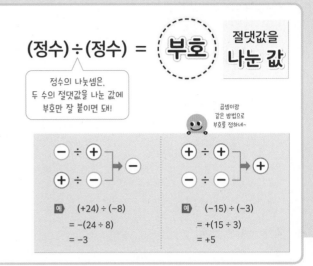

▶ 개념 익히기 1

다른 것 하나를 찾아 △표 하세요.

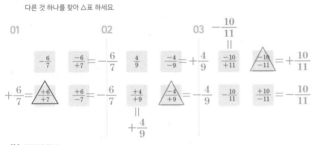
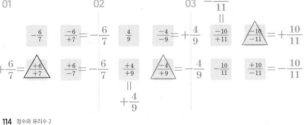

▶ 개념 익히기 2

계산 결과의 부호에 알맞게 선으로 이으세요.

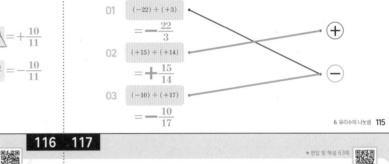

▶정답 및 해설 63쪽

▶ 개념 다지기 1

빈칸을 알맞게 채워서 계산해 보세요.

01 　$(-42) \div (+3)$
　$= \ominus (\boxed{42} \div \boxed{3})$
　$= \ominus \boxed{14}$

02 　$(+108) \div (+9)$
　$= \oplus (\boxed{108} \div \boxed{9})$
　$= \oplus \boxed{12}$

03 　$(-51) \div (-17)$
　$= \oplus (\boxed{51} \div \boxed{17})$
　$= \oplus \boxed{3}$

04 　$(-100) \div (+4)$
　$= \ominus (\boxed{100} \div \boxed{4})$
　$= \ominus \boxed{25}$

05 　$(+5) \div (-9)$
　$= \ominus (\boxed{5} \div \boxed{9})$
　$= \ominus \boxed{\dfrac{5}{9}}$

06 　$(-25) \div (-11)$
　$= \oplus (\boxed{25} \div \boxed{11})$
　$= \oplus \boxed{\dfrac{25}{11}}$

▶ 개념 다지기 2

○안에 >, =, <를 알맞게 쓰세요.

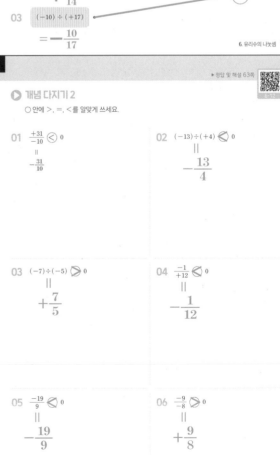

01 　$\dfrac{+31}{-10} \bigcirc\!\!\!< 0$
　$\parallel$
　$-\dfrac{31}{10}$

02 　$(-13) \div (+4) \bigcirc\!\!\!< 0$
　$\parallel$
　$-\dfrac{13}{4}$

03 　$(-7) \div (-5) \bigcirc\!\!\!> 0$
　$\parallel$
　$+\dfrac{7}{5}$

04 　$\dfrac{-1}{+12} \bigcirc\!\!\!< 0$
　$\parallel$
　$-\dfrac{1}{12}$

05 　$\dfrac{-19}{9} \bigcirc\!\!\!< 0$
　$\parallel$
　$-\dfrac{19}{9}$

06 　$\dfrac{-9}{-8} \bigcirc\!\!\!> 0$
　$\parallel$
　$+\dfrac{9}{8}$

정답 및 해설　**63**

118쪽 풀이

01 $(-5)\div 8 = -\dfrac{5}{8}$

$5\div 8 = +\dfrac{5}{8}$

$\dfrac{-5}{8} = -\dfrac{5}{8}$

02 $2\div(-3) = -\dfrac{2}{3}$

$(-2)\div(-3) = +\dfrac{2}{3}$

$-\dfrac{2}{3}$

03 $(-16)\div(-7) = +\dfrac{16}{7}$

$\dfrac{+7}{-16} = -\dfrac{7}{16}$

$\dfrac{-16}{+7} = -\dfrac{16}{7}$

04 $(-23)\div(+4) = -\dfrac{23}{4}$

$\dfrac{-23}{+4} = -\dfrac{23}{4}$

$4\div 23 = +\dfrac{4}{23}$

05 $\dfrac{+19}{-7} = -\dfrac{19}{7}$

$(-7)\div(-19) = +\dfrac{7}{19}$

$-(19\div 7) = -\dfrac{19}{7}$

$(+19)\div(-7) = -\dfrac{19}{7}$

06 $\dfrac{-15}{29} = -\dfrac{15}{29}$

$\dfrac{29}{-15} = -\dfrac{29}{15}$

$-(29\div 15) = -\dfrac{29}{15}$

$(-15)\div(-29) = +\dfrac{15}{29}$

118

▶ 정답 및 해설 64쪽

▶ 개념 마무리 1

주어진 식 중에서 부호가 다른 하나를 찾아 V표 하세요.

01 $(-5)\div 8$ ☐
    $5\div 8$ ☑
    $\dfrac{-5}{8}$ ☐

02 $2\div(-3)$ ☐
    $(-2)\div(-3)$ ☑
    $-\dfrac{2}{3}$ ☐

03 $(-16)\div(-7)$ ☑
    $\dfrac{+7}{-16}$ ☐
    $\dfrac{-16}{+7}$ ☐

04 $(-23)\div(+4)$ ☐
    $\dfrac{-23}{+4}$ ☐
    $4\div 23$ ☑

05 $\dfrac{+19}{-7}$ ☐
    $(-7)\div(-19)$ ☑
    $-(19\div 7)$ ☐
    $(+19)\div(-7)$ ☐

06 $\dfrac{-15}{29}$ ☐
    $\dfrac{29}{-15}$ ☐
    $-(29\div 15)$ ☐
    $(-15)\div(-29)$ ☑

118 정수와 유리수 2

▶ 개념 마무리 2

계산해 보세요.

01 $\left(\frac{5}{-2}\right)+\frac{3}{2}$

$=\left(-\frac{5}{2}\right)+\frac{3}{2}$

$=-\frac{2}{2}$

$=-1$

답: -1

02 $\left(\frac{-1}{+6}\right)+\left(\frac{-1}{+3}\right)$

$=\left(-\frac{1}{6}\right)+\left(-\frac{1}{3}\right)$

$=\left(-\frac{1}{6}\right)+\left(-\frac{2}{6}\right)$

$=-\frac{3}{6}$

$=-\frac{1}{2}$

03 $\left(\frac{-3}{+20}\right)\times\left(\frac{10}{-9}\right)$

$=\left(-\frac{\cancel{3}^{1}}{\cancel{20}_{2}}\right)\times\left(-\frac{\cancel{10}^{1}}{\cancel{9}_{3}}\right)$

$=+\frac{1}{6}$

04 $\left(\frac{-7}{+18}\right)\times\left(\frac{-9}{-49}\right)$

$=\left(-\frac{\cancel{7}^{1}}{\cancel{18}_{2}}\right)\times\left(+\frac{\cancel{9}^{1}}{\cancel{49}_{7}}\right)$

$=-\frac{1}{14}$

05 $\left(\frac{-3}{4}\right)-\left(\frac{-1}{8}\right)$

$=\left(-\frac{3}{4}\right)-\left(-\frac{1}{8}\right)$

$=\left(-\frac{6}{8}\right)-\left(-\frac{1}{8}\right)$

$=\left(-\frac{6}{8}\right)+\left(+\frac{1}{8}\right)$

$=-\frac{5}{8}$

06 $\left(\frac{1}{-10}\right)-\left(\frac{+6}{-5}\right)$

$=\left(-\frac{1}{10}\right)-\left(-\frac{6}{5}\right)$

$=\left(-\frac{1}{10}\right)-\left(-\frac{12}{10}\right)$

$=\left(-\frac{1}{10}\right)+\left(+\frac{12}{10}\right)$

$=+\frac{11}{10}$

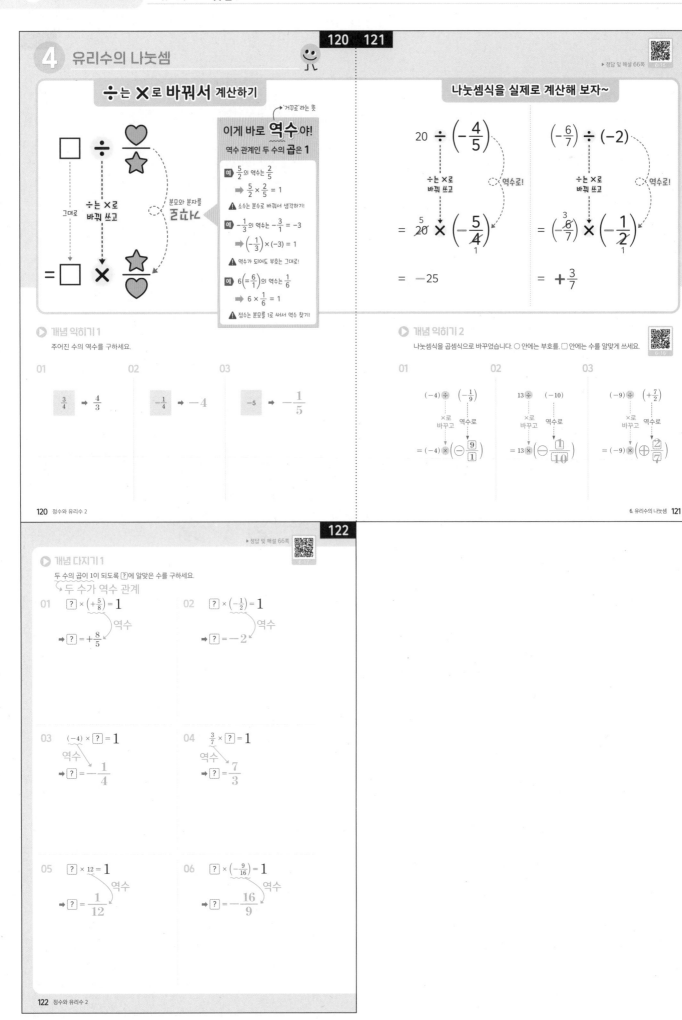

▶ 개념 다지기 2

계산해 보세요.

01 $\left(-\dfrac{9}{4}\right) \div (-0.6)$

$=\left(-\dfrac{9}{4}\right) \div \left(-\dfrac{6}{10}\right)$

$=\left(-\dfrac{\overset{3}{\cancel{9}}}{\cancel{4}_{2}}\right) \times \left(-\dfrac{\overset{5}{\cancel{10}}}{\cancel{6}_{2}}\right)$

$=+\dfrac{15}{4}$

답: $+\dfrac{15}{4}$

02 $(+25) \div \left(-\dfrac{5}{7}\right)$

$=(+\overset{5}{\cancel{25}}) \times \left(-\dfrac{7}{\cancel{5}_{1}}\right)$

$=-35$

03 $\left(-\dfrac{7}{8}\right) \div \left(+\dfrac{1}{2}\right)$

$=\left(-\dfrac{7}{\cancel{8}_{4}}\right) \times (+\overset{1}{\cancel{2}})$

$=-\dfrac{7}{4}$

04 $\left(-\dfrac{20}{3}\right) \div \left(-\dfrac{35}{6}\right)$

$=\left(-\dfrac{\overset{4}{\cancel{20}}}{\cancel{3}_{1}}\right) \times \left(-\dfrac{\overset{2}{\cancel{6}}}{\cancel{35}_{7}}\right)$

$=+\dfrac{8}{7}$

05 $32 \div \left(+\dfrac{24}{5}\right)$

$=\overset{4}{\cancel{32}} \times \left(+\dfrac{5}{\cancel{24}_{3}}\right)$

$=+\dfrac{20}{3}$

06 $\left(+\dfrac{15}{14}\right) \div (-1.5)$

$=\left(+\dfrac{15}{14}\right) \div \left(-\dfrac{15}{10}\right)$

$=\left(+\dfrac{\overset{1}{\cancel{15}}}{\cancel{14}_{7}}\right) \times \left(-\dfrac{\overset{5}{\cancel{10}}}{\cancel{15}_{1}}\right)$

$=-\dfrac{5}{7}$

▶ 개념 마무리 1

물음에 답하세요.

01 $-\dfrac{5}{4}$의 역수를 -0.3의 역수로 나눈 결과를 구하세요.

$-\dfrac{4}{5}$ $-0.3=-\dfrac{3}{10} \xrightarrow{\text{역수}} -\dfrac{10}{3}$

$$\Rightarrow \left(-\dfrac{4}{5}\right) \div \left(-\dfrac{10}{3}\right) = \left(-\dfrac{\overset{2}{\cancel{4}}}{5}\right) \times \left(-\dfrac{3}{\underset{5}{\cancel{10}}}\right)$$

$$= +\dfrac{6}{25}$$

답: $+\dfrac{6}{25}$

02 $-\dfrac{1}{3}$의 역수와 $+9$의 합을 구하세요.

-3

$$\Rightarrow (-3)+(+9)=+6$$

답: $+6$

03 $-\dfrac{1}{6}$의 역수에서 $+4$를 뺀 값을 구하세요.

-6

$$\Rightarrow (-6)-(+4)=-10$$

답: -10

04 -1.2의 역수와 $+\dfrac{1}{3}$의 역수의 곱을 구하세요.

$+3$

$-1.2=-\dfrac{12}{10} \xrightarrow{\text{역수}} -\dfrac{10}{12}$

$$\Rightarrow \left(-\dfrac{\overset{5}{\cancel{10}}}{\underset{2}{\cancel{12}}}\right) \times (+\overset{1}{\cancel{3}}) = -\dfrac{5}{2}$$

답: $-\dfrac{5}{2}$

05 $-\dfrac{5}{7}$를 $+7$의 역수로 나눈 결과를 구하세요.

$+\dfrac{1}{7}$

$$\Rightarrow \left(-\dfrac{5}{7}\right) \div \left(+\dfrac{1}{7}\right)$$

$$= \left(-\dfrac{5}{\underset{1}{\cancel{7}}}\right) \times (+\overset{1}{\cancel{7}})$$

$$= -5$$

답: -5

06 -18의 역수와 $+\dfrac{2}{9}$의 역수의 곱을 구하세요.

$-\dfrac{1}{18}$ $+\dfrac{9}{2}$

$$\Rightarrow \left(-\dfrac{1}{\underset{2}{\cancel{18}}}\right) \times \left(+\dfrac{\overset{1}{\cancel{9}}}{2}\right) = -\dfrac{1}{4}$$

답: $-\dfrac{1}{4}$

125쪽 풀이

02

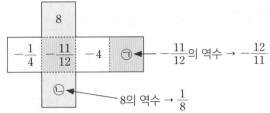

$-\dfrac{11}{12}$의 역수 → $-\dfrac{12}{11}$

8의 역수 → $\dfrac{1}{8}$

$$→ \, ㉠×㉡=\left(-\dfrac{\overset{3}{\cancel{12}}}{11}\right)×\dfrac{1}{\underset{2}{\cancel{8}}}$$

$$=-\dfrac{3}{22}$$

답 $-\dfrac{3}{22}$

03

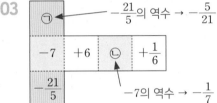

$-\dfrac{21}{5}$의 역수 → $-\dfrac{5}{21}$

-7의 역수 → $-\dfrac{1}{7}$

$$→ \, ㉠÷㉡=\left(-\dfrac{5}{21}\right)÷\left(-\dfrac{1}{7}\right)$$

$$=\left(-\dfrac{5}{\underset{3}{\cancel{21}}}\right)×(-\cancel{7}^{\,1})$$

$$=+\dfrac{5}{3}$$

답 $+\dfrac{5}{3}$

04

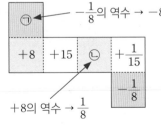

$-\dfrac{1}{8}$의 역수 → -8

$+8$의 역수 → $\dfrac{1}{8}$

$$→ \, ㉠×㉡=(-\overset{1}{\cancel{8}})×\dfrac{1}{\underset{1}{\cancel{8}}}$$

$$=-1$$

답 -1

개념 마무리 2

다음 그림과 같은 정육면체의 전개도를 접었을 때, 마주 보는 면의 수가 서로 역수가 되도록 수를 쓰려고 합니다. 물음에 답하세요.

01

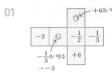

$+6$의 역수 → $+\dfrac{1}{6}$

$-\dfrac{1}{3}$의 역수 → -3

➡ ㉠÷㉡의 값은?

$$\left(+\dfrac{1}{6}\right)÷(-3)=\left(+\dfrac{1}{6}\right)×\left(-\dfrac{1}{3}\right)=-\dfrac{1}{18}$$

답: $-\dfrac{1}{18}$

02

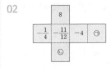

➡ ㉠×㉡의 값은? $-\dfrac{3}{22}$

03

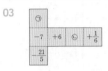

➡ ㉠÷㉡의 값은? $+\dfrac{5}{3}$

04

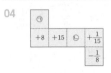

➡ ㉠×㉡의 값은? -1

05

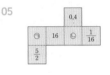

➡ ㉠×㉡의 값은? 1

06

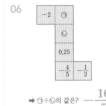

➡ ㉠÷㉡의 값은? $-\dfrac{16}{5}$

05

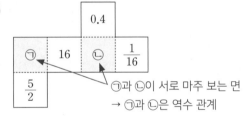

㉠과 ㉡이 서로 마주 보는 면
→ ㉠과 ㉡은 역수 관계

➡ **역수 관계인 두 수의 곱은 1**이므로,

㉠×㉡=1

답 1

06

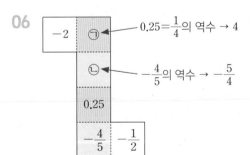

$0.25=\dfrac{1}{4}$의 역수 → 4

$-\dfrac{4}{5}$의 역수 → $-\dfrac{5}{4}$

$$→ \, ㉠÷㉡=4÷\left(-\dfrac{5}{4}\right)$$

$$=4×\left(-\dfrac{4}{5}\right)$$

$$=-\dfrac{16}{5}$$

답 $-\dfrac{16}{5}$

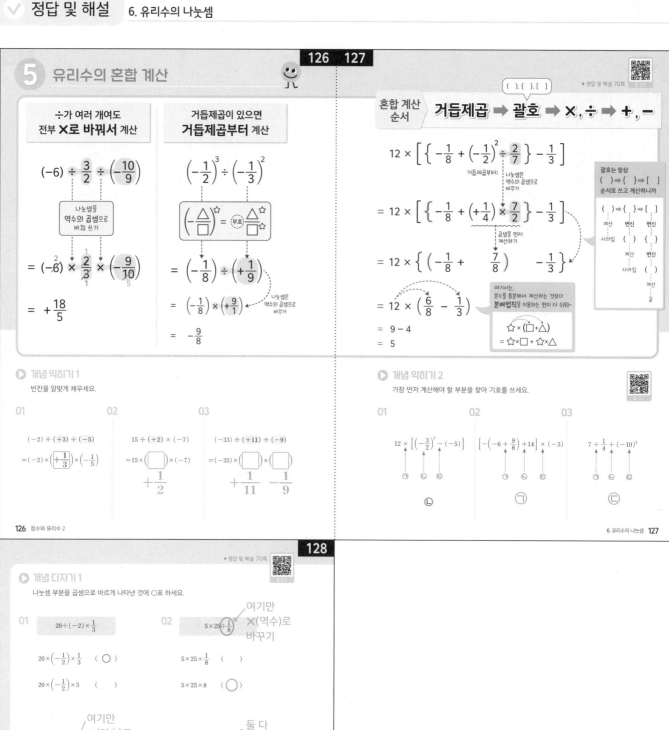

▶ 개념 다지기 2

계산해 보세요.

정답 및 해설

01 $20 \div \left(-\frac{5}{2}\right)^2 \div \left(-\frac{4}{3}\right)$

$= 20 \div \left(+\frac{25}{4}\right) \div \left(-\frac{4}{3}\right)$

$= \overset{4}{\cancel{20}} \times \left(+\frac{\cancel{4}^1}{\cancel{25}_5}\right) \times \left(-\frac{3}{\cancel{4}_1}\right)$

$= -\frac{12}{5}$

답: $-\dfrac{12}{5}$

02 $\left(-\frac{10}{9}\right) \div \left(+\frac{2}{3}\right)^3$

$= \left(-\frac{10}{9}\right) \div \left(+\frac{8}{27}\right)$

$= \left(-\frac{\cancel{10}^5}{\cancel{9}_1}\right) \times \left(+\frac{\cancel{27}^3}{\cancel{8}_4}\right)$

$= -\frac{15}{4}$

03 $\left(-\frac{1}{10}\right)^2 \div \left(\frac{6}{5}\right)^2$

$= \left(+\frac{1}{100}\right) \div \frac{36}{25}$

$= \left(+\frac{1}{\cancel{100}_4}\right) \times \frac{\cancel{25}^1}{36}$

$= +\frac{1}{144}$

04 $\left(-\frac{1}{2}\right) \div \frac{1}{4} \times \left(-\frac{3}{2}\right)$

$= \left(-\frac{1}{\cancel{2}_1}\right) \times \cancel{4}^{\overset{1}{\cancel{2}}} \times \left(-\frac{3}{\cancel{2}_1}\right)$

$= +3$

05 $\left(-\frac{8}{5}\right) \times \left(-\frac{25}{6}\right) \div \left(-\frac{4}{3}\right)$

$= \left(-\frac{\cancel{8}^{\overset{1}{\cancel{4}}}}{\cancel{5}_1}\right) \times \left(-\frac{\cancel{25}^5}{\cancel{6}_3}\right) \times \left(-\frac{\cancel{3}^1}{\cancel{4}_1}\right)$

$= -5$

06 $\left(-\frac{4}{3}\right)^2 \div \left(-\frac{2}{27}\right) \div 6$

$= \left(+\frac{16}{9}\right) \div \left(-\frac{2}{27}\right) \div 6$

$= \left(+\frac{\cancel{16}^{\overset{4}{\cancel{8}}}}{\cancel{9}_1}\right) \times \left(-\frac{\cancel{27}^{\overset{1}{\cancel{3}}}}{\cancel{2}_1}\right) \times \frac{1}{\cancel{6}_{\overset{\cancel{3}}{_1}}}$

$= -4$

01

$$2-\left\{\left(-\frac{3}{2}\right)^2-(4-6)\right\}\times 8$$

$$=2-\left\{\left(+\frac{9}{4}\right)-(4-6)\right\}\times 8$$

$$=2-\left\{\frac{9}{4}-(-2)\right\}\times 8$$

$$=2-\left(\frac{9}{4}+2\right)\times 8$$

$$=2-\left(\frac{9}{\overset{}{4}}\times\overset{2}{8}+2\times 8\right)$$

$$=2-(18+16)$$

$$=2-34$$

$$=-32$$

답 -32

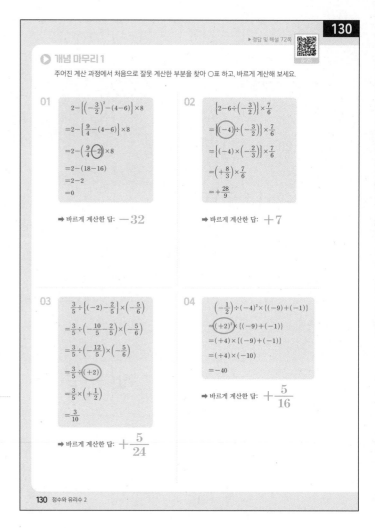

02

$$\left\{2-6\div\left(-\frac{3}{2}\right)\right\}\times\frac{7}{6}$$

$$=\left\{2-\overset{2}{6}\times\left(-\frac{2}{\overset{}{3}}\right)\right\}\times\frac{7}{6}$$

$$=\{2-(-4)\}\times\frac{7}{6}$$

$$=(2+4)\times\frac{7}{6}$$

$$=(+\overset{1}{6})\times\frac{7}{\overset{}{6}}$$

$$=+7$$

답 $+7$

03

$$\frac{3}{5}\div\left\{(-2)-\frac{2}{5}\right\}\times\left(-\frac{5}{6}\right)$$

$$=\frac{3}{5}\div\left(-\frac{10}{5}-\frac{2}{5}\right)\times\left(-\frac{5}{6}\right)$$

$$=\frac{3}{5}\div\left(-\frac{12}{5}\right)\times\left(-\frac{5}{6}\right)$$

$$=\frac{\overset{1}{3}}{\overset{}{5}}\times\left(-\frac{\overset{1}{5}}{\overset{}{12}}\right)\times\left(-\frac{5}{6}\right)$$

$$=+\frac{5}{24}$$

답 $+\frac{5}{24}$

04

$$\left(-\frac{1}{2}\right)\div(-4)^2\times\{(-9)+(-1)\}$$

$$=\left(-\frac{1}{2}\right)\div(+16)\times\{(-9)+(-1)\}$$

$$=\left(-\frac{1}{2}\right)\div(+16)\times(-10)$$

$$=\left(-\frac{1}{2}\right)\times\left(+\frac{1}{16}\right)\times(-\overset{5}{10})$$

$$=+\frac{5}{16}$$

답 $+\frac{5}{16}$

▶ 개념 마무리 2

계산해 보세요.

01 $(-12+5) \times \dfrac{11}{7} - 15 \div 5$

$= (-\overset{1}{\cancel{7}}) \times \dfrac{11}{\underset{1}{\cancel{7}}} - 15 \div 5$

$= (-11) - 3$

$= -14$

답: -14

02 $\left(-\dfrac{3}{5}\right) \times \dfrac{5}{6} + \dfrac{1}{8} \div \left(-\dfrac{1}{4}\right)$

$= \left(-\dfrac{\overset{1}{\cancel{3}}}{\underset{1}{\cancel{5}}}\right) \times \dfrac{\overset{1}{\cancel{5}}}{\underset{2}{\cancel{6}}} + \dfrac{1}{\underset{2}{\cancel{8}}} \times (-\overset{1}{\cancel{4}})$

$= \left(-\dfrac{1}{2}\right) + \left(-\dfrac{1}{2}\right)$

$= -1$

03 $1 - \dfrac{7}{3} \div \{(-2) \times (-14)\}$

$= 1 - \dfrac{7}{3} \div (+28)$

$= 1 - \dfrac{\overset{1}{\cancel{7}}}{3} \times \left(+\dfrac{1}{\underset{4}{\cancel{28}}}\right)$

$= 1 - \left(+\dfrac{1}{12}\right)$

$= +\dfrac{11}{12}$

04 $35 - \left\{-5 + (8-11) \div \dfrac{3}{7}\right\}$

$= 35 - \left\{-5 + (-3) \div \dfrac{3}{7}\right\}$

$= 35 - \left\{-5 + (-\overset{1}{\cancel{3}}) \times \dfrac{7}{\underset{1}{\cancel{3}}}\right\}$

$= 35 - \{-5 + (-7)\}$

$= 35 - (-12)$

$= 35 + (+12)$

$= +47$

05 $2 \div \left[\left\{-3 + \left(-\dfrac{1}{2}\right)^2 \times 4\right\} + 8\right]$

$= 2 \div \left[\left\{-3 + \left(+\dfrac{1}{\underset{1}{\cancel{4}}}\right) \times \overset{1}{\cancel{4}}\right\} + 8\right]$

$= 2 \div \{(-3+1) + 8\}$

$= 2 \div \{(-2) + 8\}$

$= 2 \div (+6)$

$= +\dfrac{2}{6}$

$= +\dfrac{1}{3}$

06 $\left\{\dfrac{2}{3} + (-5)^2 \div (+75)\right\} \times 3 - \dfrac{1}{2}$

$= \left\{\dfrac{2}{3} + (+25) \div (+75)\right\} \times 3 - \dfrac{1}{2}$

$= \left\{\dfrac{2}{3} + (+\overset{1}{\cancel{25}}) \times \left(+\dfrac{1}{\underset{3}{\cancel{75}}}\right)\right\} \times 3 - \dfrac{1}{2}$

$= \left(\dfrac{2}{3} + \dfrac{1}{3}\right) \times 3 - \dfrac{1}{2}$

$= 1 \times 3 - \dfrac{1}{2}$

$= 3 - \dfrac{1}{2}$

$= \dfrac{6}{2} - \dfrac{1}{2}$

$= \dfrac{5}{2}$

6 활용 (1) ? 가 있는 식

132 133

▶ 정답 및 해설 74쪽

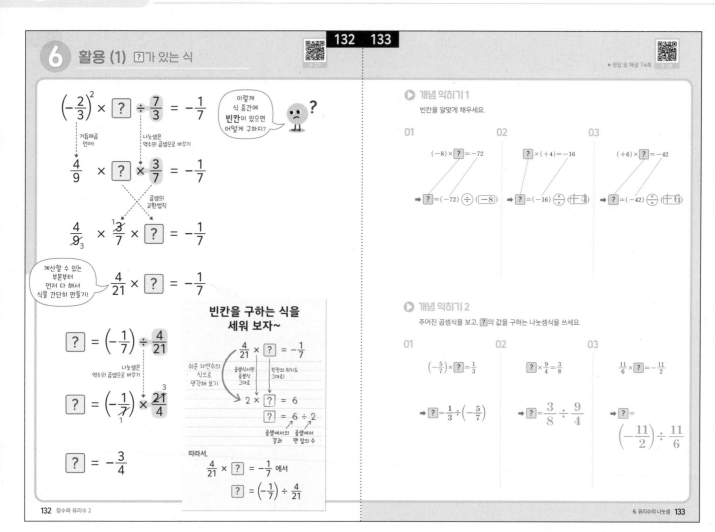

$$\left(-\dfrac{2}{3}\right)^2 \times \boxed{?} \div \dfrac{7}{3} = -\dfrac{1}{7}$$

거듭제곱 먼저! 나눗셈은 역수의 곱셈으로 바꾸기

$$\dfrac{4}{9} \times \boxed{?} \times \dfrac{3}{7} = -\dfrac{1}{7}$$

곱셈의 교환법칙

$$\dfrac{4}{9}_{3} \times \dfrac{\overset{1}{3}}{7} \times \boxed{?} = -\dfrac{1}{7}$$

계산할 수 있는 부분부터 먼저 다 해서 식을 간단히 만들기!!

$$\dfrac{4}{21} \times \boxed{?} = -\dfrac{1}{7}$$

$$\boxed{?} = \left(-\dfrac{1}{7}\right) \div \dfrac{4}{21}$$

나눗셈은 역수의 곱셈으로 바꾸기

$$\boxed{?} = \left(-\dfrac{1}{7}\right)_{1} \times \dfrac{\overset{3}{21}}{4}$$

$$\boxed{?} = -\dfrac{3}{4}$$

빈칸을 구하는 식을 세워 보자~

$$\dfrac{4}{21} \times \boxed{?} = -\dfrac{1}{7}$$

쉬운 자연수의 식으로 생각해 보기 / 곱셈식이면 곱셈식 그대로 / 빈칸의 위치도 그대로!

$$2 \times \boxed{?} = 6$$
$$\boxed{?} = 6 \div 2$$

곱셈에서의 결과 / 곱셈에서 맨 앞의 수

따라서,

$$\dfrac{4}{21} \times \boxed{?} = -\dfrac{1}{7} \text{ 에서}$$

$$\boxed{?} = \left(-\dfrac{1}{7}\right) \div \dfrac{4}{21}$$

말풍선: 이렇게 식 중간에 **빈칸**이 있으면 어떻게 구하지?

▶ 개념 익히기 1

빈칸을 알맞게 채우세요.

01

$$(-8) \times \boxed{?} = -72$$

$$\rightarrow \boxed{?} = (-72) \div (-8)$$

02

$$\boxed{?} \times (+4) = -16$$

$$\rightarrow \boxed{?} = (-16) \div (+4)$$

03

$$(+6) \times \boxed{?} = -42$$

$$\rightarrow \boxed{?} = (-42) \div (+6)$$

▶ 개념 익히기 2

주어진 곱셈식을 보고, ? 의 값을 구하는 나눗셈식을 쓰세요.

01

$$\left(-\dfrac{5}{7}\right) \times \boxed{?} = \dfrac{1}{3}$$

$$\rightarrow \boxed{?} = \dfrac{1}{3} \div \left(-\dfrac{5}{7}\right)$$

02

$$\boxed{?} \times \dfrac{9}{4} = \dfrac{3}{8}$$

$$\rightarrow \boxed{?} = \dfrac{3}{8} \div \dfrac{9}{4}$$

03

$$\dfrac{11}{6} \times \boxed{?} = -\dfrac{11}{2}$$

$$\rightarrow \boxed{?} = \left(-\dfrac{11}{2}\right) \div \dfrac{11}{6}$$

▶ 개념 다지기 1

?에 알맞은 수를 구하세요.

01
$$\left(-\frac{9}{5}\right) \times \boxed{?} = -18$$

➡ $\boxed{?} = +10$

$$\boxed{?} = (-18) \div \left(-\frac{9}{5}\right)$$
$$= (-\overset{2}{\cancel{18}}) \times \left(-\frac{5}{\cancel{9}_1}\right)$$
$$= +10$$

02
$$\frac{3}{4} \times \boxed{?} = 24$$

➡ $\boxed{?} = 32$

$$\boxed{?} = 24 \div \frac{3}{4}$$
$$= \overset{8}{\cancel{24}} \times \frac{4}{\cancel{3}_1}$$
$$= 32$$

03
$$\boxed{?} - \frac{1}{6} = -\frac{11}{6}$$

➡ $\boxed{?} = -\frac{5}{3}$

$$\boxed{?} = -\frac{11}{6} + \frac{1}{6}$$
$$= -\frac{10}{6}$$
$$= -\frac{5}{3}$$

04
$$-\frac{2}{7} + \boxed{?} = \frac{9}{7}$$

➡ $\boxed{?} = +\frac{11}{7}$

$$\boxed{?} = \frac{9}{7} - \left(-\frac{2}{7}\right)$$
$$= \frac{9}{7} + \left(+\frac{2}{7}\right)$$
$$= +\frac{11}{7}$$

05
$$\boxed{?} \div \frac{4}{15} = -8$$

➡ $\boxed{?} = -\frac{32}{15}$

$$\boxed{?} = (-8) \times \frac{4}{15}$$
$$= -\frac{32}{15}$$

06
$$\boxed{?} \div \left(-\frac{11}{16}\right) = \frac{12}{11}$$

➡ $\boxed{?} = -\frac{3}{4}$

$$\boxed{?} = \frac{\overset{3}{\cancel{12}}}{\cancel{11}_1} \times \left(-\frac{\cancel{11}^1}{\cancel{16}_4}\right)$$
$$= -\frac{3}{4}$$

135쪽 풀이

01 (1) 잘못 계산한 식으로 ? 찾기

식 $? \div \left(-\dfrac{5}{4}\right) = -\dfrac{3}{5}$

→ $? = \left(-\dfrac{3}{\overset{1}{\cancel{5}}}\right) \times \left(-\dfrac{\cancel{5}}{4}\right)$

$= +\dfrac{3}{4}$

답 $+\dfrac{3}{4}$

(2) 바르게 계산한 값 찾기

$\left(+\dfrac{3}{4}\right) + \left(-\dfrac{5}{4}\right) = -\dfrac{2}{4}$

$= -\dfrac{1}{2}$

답 $-\dfrac{1}{2}$

135

▶ 정답 및 해설 76~77쪽

● 개념 다지기 2

물음에 답하세요.

01 어떤 수에 $-\dfrac{5}{4}$ 를 더해야 할 것을 잘못하여 나누었더니 $-\dfrac{3}{5}$ 이 되었습니다.

(1) 어떤 수를 ? 로 하여 식을 세우고, 어떤 수를 구하세요.

식 $? \div \left(-\dfrac{5}{4}\right) = -\dfrac{3}{5}$

답 $+\dfrac{3}{4}$

(2) 바르게 계산한 값을 쓰세요.

$-\dfrac{1}{2}$

02 어떤 수에 10을 곱해야 할 것을 잘못하여 뺐더니 1.5가 되었습니다.

(1) 어떤 수를 ? 로 하여 식을 세우고, 어떤 수를 구하세요.

식 $? - 10 = 1.5$

답 11.5

(2) 바르게 계산한 값을 쓰세요.

115

03 어떤 수를 $-\dfrac{7}{9}$ 로 나누어야 할 것을 잘못하여 더했더니 $\dfrac{4}{9}$ 가 되었습니다.

(1) 어떤 수를 ? 로 하여 식을 세우고, 어떤 수를 구하세요.

식 $? + \left(-\dfrac{7}{9}\right) = \dfrac{4}{9}$

답 $+\dfrac{11}{9}$

(2) 바르게 계산한 값을 쓰세요.

$-\dfrac{11}{7}$

04 어떤 수를 $-\dfrac{3}{7}$ 으로 나누어야 할 것을 잘못하여 곱했더니 $-\dfrac{9}{14}$ 가 되었습니다.

(1) 어떤 수를 ? 로 하여 식을 세우고, 어떤 수를 구하세요.

식 $? \times \left(-\dfrac{3}{7}\right) = -\dfrac{9}{14}$

답 $+\dfrac{3}{2}$

(2) 바르게 계산한 값을 쓰세요.

$-\dfrac{7}{2}$

6. 유리수의 나눗셈 **135**

---

02 (1) 잘못 계산한 식으로 ? 찾기

식 $? - 10 = 1.5$

→ $? = 1.5 + 10$

$= 11.5$

답 11.5

(2) 바르게 계산한 값 찾기

$11.5 \times 10 = 115$

답 115

03 (1) 잘못 계산한 식으로 ? 찾기

식 $? + \left(-\dfrac{7}{9}\right) = \dfrac{4}{9}$

→ $? = \dfrac{4}{9} - \left(-\dfrac{7}{9}\right)$

$= \dfrac{4}{9} + \left(+\dfrac{7}{9}\right)$

$= +\dfrac{11}{9}$

답 $+\dfrac{11}{9}$

(2) 바르게 계산한 값 찾기

$\left(+\dfrac{11}{9}\right) \div \left(-\dfrac{7}{9}\right) = \left(+\dfrac{11}{\overset{1}{\cancel{9}}}\right) \times \left(-\dfrac{\cancel{9}}{7}\right)$

$= -\dfrac{11}{7}$

답 $-\dfrac{11}{7}$

135쪽 풀이

04 (1) 잘못 계산한 식으로 ? 찾기

식 $\boxed{?}\times\left(-\dfrac{3}{7}\right)=-\dfrac{9}{14}$

$\rightarrow \boxed{?}=\left(-\dfrac{9}{14}\right)\div\left(-\dfrac{3}{7}\right)$

$=\left(-\dfrac{\overset{3}{\cancel{9}}}{\underset{2}{\cancel{14}}}\right)\times\left(-\dfrac{\cancel{7}}{\underset{1}{\cancel{3}}}\right)$

$=+\dfrac{3}{2}$

답 $+\dfrac{3}{2}$

(2) 바르게 계산한 값 찾기

$\left(+\dfrac{3}{2}\right)\div\left(-\dfrac{3}{7}\right)=\left(+\dfrac{\overset{1}{\cancel{3}}}{2}\right)\times\left(-\dfrac{7}{\underset{1}{\cancel{3}}}\right)$

$=-\dfrac{7}{2}$

답 $-\dfrac{7}{2}$

136쪽 풀이

01

이 네 수의 곱이 -1

3	2	$-\dfrac{5}{6}$	$+\dfrac{1}{5}$	?

$\overset{1}{\cancel{2}}\times\left(-\dfrac{\cancel{5}}{\underset{3}{\cancel{6}}}\right)\times\left(+\dfrac{1}{\underset{1}{\cancel{5}}}\right)\times\boxed{?}=-1$

$\left(-\dfrac{1}{3}\right)\times\boxed{?}=-1$

$\rightarrow \boxed{?}=(-1)\div\left(-\dfrac{1}{3}\right)$

$=(-1)\times(-3)$

$=+3$

답 $+3$

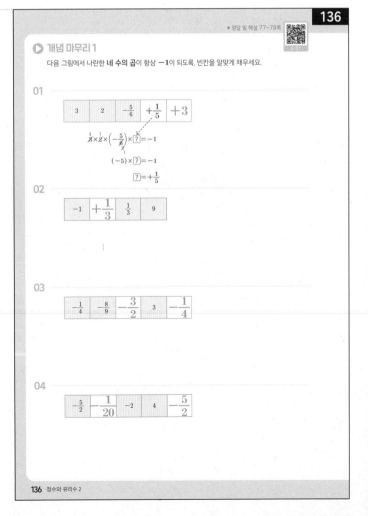

▶ 정답 및 해설 77~78쪽

개념 마무리 1

다음 그림에서 나란한 **네 수의 곱**이 항상 **−1**이 되도록, 빈칸을 알맞게 채우세요.

01

3	2	$-\dfrac{5}{6}$	$+\dfrac{1}{5}$	$+3$

$\overset{1}{\cancel{3}}\times\overset{1}{\cancel{2}}\times\left(-\dfrac{5}{\underset{2}{\cancel{6}}}\right)\times\boxed{?}=-1$

$(-5)\times\boxed{?}=-1$

$\boxed{?}=+\dfrac{1}{5}$

02

-1	$+\dfrac{1}{3}$	$\dfrac{1}{3}$	9

03

$-\dfrac{1}{4}$	$-\dfrac{8}{9}$	$-\dfrac{3}{2}$	3	$-\dfrac{1}{4}$

04

$-\dfrac{5}{2}$	$-\dfrac{1}{20}$	-2	4	$-\dfrac{5}{2}$

02

이 네 수의 곱이 -1

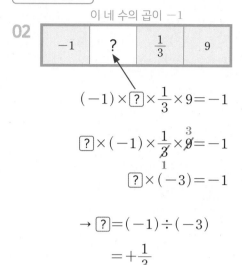

$$(-1) \times \boxed{?} \times \frac{1}{3} \times 9 = -1$$

$$\boxed{?} \times (-1) \times \frac{1}{\cancel{3}} \times \cancel{9}^{3} = -1$$

$$\boxed{?} \times (-3) = -1$$

$$\rightarrow \boxed{?} = (-1) \div (-3)$$

$$= +\frac{1}{3}$$

답　$+\dfrac{1}{3}$

04

이 네 수의 곱이 -1

$$\left(-\frac{5}{2}\right) \times \boxed{?} \times (-2) \times 4 = -1$$

$$\boxed{?} \times \left(-\frac{5}{\cancel{2}}\right) \times (-\cancel{2}^{1}) \times 4 = -1$$

$$\boxed{?} \times (+20) = -1$$

$$\rightarrow \boxed{?} = (-1) \div (+20)$$

$$= -\frac{1}{20}$$

답　$-\dfrac{1}{20}$

03

이 네 수의 곱이 -1

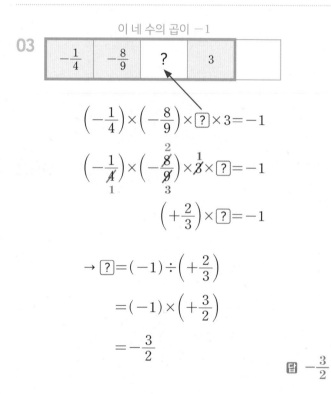

$$\left(-\frac{1}{4}\right) \times \left(-\frac{8}{9}\right) \times \boxed{?} \times 3 = -1$$

$$\left(-\frac{1}{\cancel{4}_{1}}\right) \times \left(-\frac{\cancel{8}^{2}}{\cancel{9}_{3}}\right) \times \cancel{3}^{1} \times \boxed{?} = -1$$

$$\left(+\frac{2}{3}\right) \times \boxed{?} = -1$$

$$\rightarrow \boxed{?} = (-1) \div \left(+\frac{2}{3}\right)$$

$$= (-1) \times \left(+\frac{3}{2}\right)$$

$$= -\frac{3}{2}$$

답　$-\dfrac{3}{2}$

이 네 수의 곱이 -1

$$\left(-\frac{\cancel{8}^{4}}{\cancel{9}_{\cancel{3}_{1}}}\right) \times \left(-\frac{\cancel{3}^{1}}{\cancel{2}_{1}}\right) \times \cancel{3}^{1} \times \boxed{?} = -1$$

$$(+4) \times \boxed{?} = -1$$

$$\rightarrow \boxed{?} = (-1) \div (+4)$$

$$= -\frac{1}{4}$$

답　$-\dfrac{1}{4}$

이 네 수의 곱이 -1

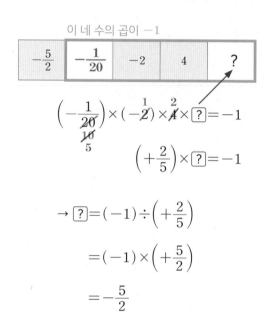

$$\left(-\frac{1}{20}\right) \times (-\cancel{2}^{1}) \times \cancel{4}^{2} \times \boxed{?} = -1$$

$$\left(+\frac{2}{5}\right) \times \boxed{?} = -1$$

$$\rightarrow \boxed{?} = (-1) \div \left(+\frac{2}{5}\right)$$

$$= (-1) \times \left(+\frac{5}{2}\right)$$

$$= -\frac{5}{2}$$

답　$-\dfrac{5}{2}$

▶ 개념 마무리 2

?에 알맞은 수를 구하세요.

01 $\left\{(-2)^3 \times \boxed{?} - \dfrac{4}{3}\right\} \times (-3) = 12$

$\left\{(-8) \times \boxed{?} - \dfrac{4}{3}\right\} \times (-3) = 12$

♥라고 하면, ♥ × (−3) = 12

$\qquad\qquad\qquad ♥ = -4$

♥ $= (-8) \times \boxed{?} - \dfrac{4}{3} = -4$

$(-8) \times \boxed{?} = -4 + \dfrac{4}{3}$

$(-8) \times \boxed{?} = -\dfrac{12}{3} + \dfrac{4}{3}$

$(-8) \times \boxed{?} = -\dfrac{8}{3}$

$\rightarrow \boxed{?} = \left(-\dfrac{8}{3}\right) \div (-8)$

$= \left(-\dfrac{\overset{1}{\cancel{8}}}{3}\right) \times \left(-\dfrac{1}{\underset{1}{\cancel{8}}}\right)$

$= +\dfrac{1}{3}$

답: $+\dfrac{1}{3}$

02 $\dfrac{11}{4} \times \boxed{?} \times (-7) = \dfrac{33}{14}$

$\boxed{?} \times \dfrac{11}{4} \times (-7) = \dfrac{33}{14}$

$\boxed{?} \times \left(-\dfrac{77}{4}\right) = \dfrac{33}{14}$

$\rightarrow \boxed{?} = \dfrac{33}{14} \div \left(-\dfrac{77}{4}\right)$

$= \dfrac{\overset{3}{\cancel{33}}}{\underset{7}{\cancel{14}}} \times \left(-\dfrac{\overset{2}{\cancel{4}}}{\underset{7}{\cancel{77}}}\right)$

$= -\dfrac{6}{49}$

답: $-\dfrac{6}{49}$

03 $7 + \boxed{?} \times \left\{\left(-\dfrac{1}{3}\right) + 1\right\} = -13$

$7 + \boxed{?} \times \left\{\left(-\dfrac{1}{3}\right) + \dfrac{3}{3}\right\} = -13$

$7 + \boxed{?} \times \left(+\dfrac{2}{3}\right) = -13$

♥라고 하면,

$7 + ♥ = -13$

$♥ = -13 - 7$

$= -20$

$\rightarrow \boxed{?} \times \left(+\dfrac{2}{3}\right) = -20$

$\boxed{?} = (-20) \div \left(+\dfrac{2}{3}\right)$

$= (-\overset{10}{\cancel{20}}) \times \left(+\dfrac{3}{\underset{1}{\cancel{2}}}\right)$

$= -30$

답: -30

04 $\dfrac{16}{3} \times \boxed{?} \div \left(-\dfrac{8}{3}\right) + 9 = -5$

$\dfrac{16}{3} \times \boxed{?} \times \left(-\dfrac{3}{8}\right) + 9 = -5$

$\boxed{?} \times \dfrac{\overset{2}{\cancel{16}}}{\underset{1}{\cancel{3}}} \times \left(-\dfrac{\overset{1}{\cancel{3}}}{\underset{1}{\cancel{8}}}\right) + 9 = -5$

$\boxed{?} \times (-2) + 9 = -5$

♥라고 하면,

$♥ + 9 = -5$

$♥ = -5 - 9$

$= -14$

$\rightarrow \boxed{?} \times (-2) = -14$

$\boxed{?} = (-14) \div (-2)$

$= +7$

답: $+7$

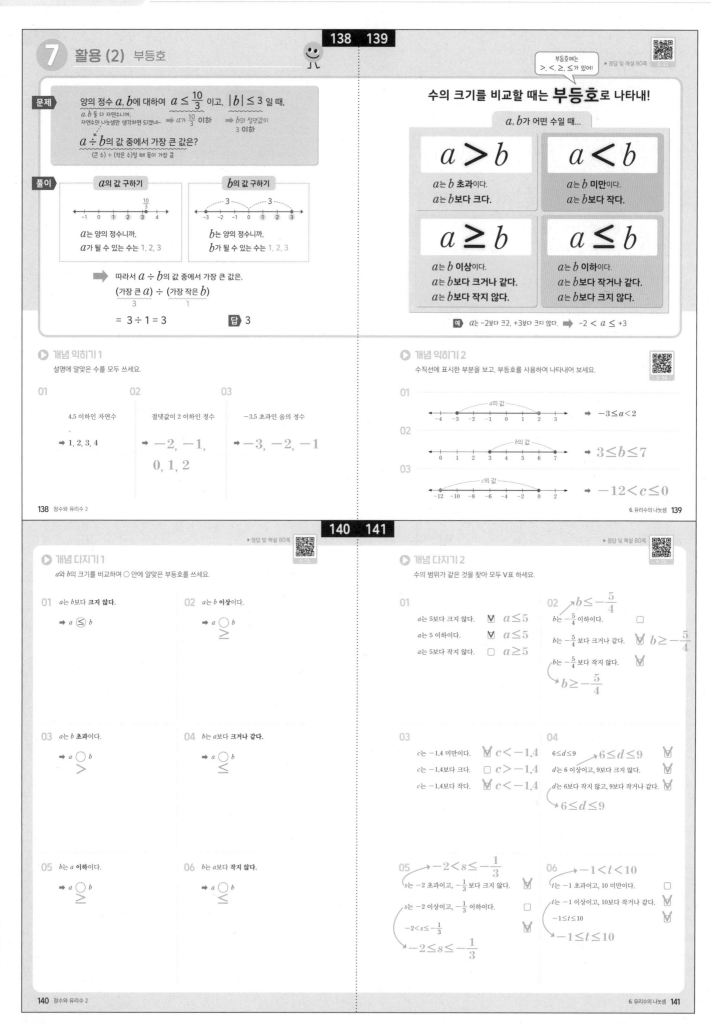

138　139

7 활용 (2) 부등호　　　부등호에는 >, <, ≥, ≤가 있어!　▶ 정답 및 해설 80쪽

문제

양의 정수 a, b에 대하여 $a \leq \frac{10}{3}$ 이고, $|b| \leq 3$ 일 때,

a, b를 다 자연수니까, 자연수의 나눗셈만 생각하면 되겠네~ → a가 $\frac{10}{3}$ 이하 → b의 절댓값이 3 이하

$a \div b$의 값 중에서 가장 큰 값은?

(큰 수) ÷ (작은 수)일 때 몫이 가장 큼

풀이

a의 값 구하기	b의 값 구하기

a는 양의 정수니까, a가 될 수 있는 수는 1, 2, 3

b는 양의 정수니까, b가 될 수 있는 수는 1, 2, 3

→ 따라서 $a \div b$의 값 중에서 가장 큰 값은,

(가장 큰 a) ÷ (가장 작은 b)
　　3　　　　　　1

= 3 ÷ 1 = 3　　**답** 3

수의 크기를 비교할 때는 **부등호**로 나타내!

a, b가 어떤 수일 때...

$a > b$

a는 b 초과이다.
a는 b보다 크다.

$a < b$

a는 b 미만이다.
a는 b보다 작다.

$a \geq b$

a는 b 이상이다.
a는 b보다 크거나 같다.
a는 b보다 작지 않다.

$a \leq b$

a는 b 이하이다.
a는 b보다 작거나 같다.
a는 b보다 크지 않다.

예 a는 -2보다 크고, $+3$보다 크지 않다. → $-2 < a \leq +3$

개념 익히기 1

설명에 알맞은 수를 모두 쓰세요.

01 4.5 이하인 자연수

→ 1, 2, 3, 4

02 절댓값이 2 이하인 정수

→ $-2, -1,$ $0, 1, 2$

03 -3.5 초과인 음의 정수

→ $-3, -2, -1$

개념 익히기 2

수직선에 표시한 부분을 보고, 부등호를 사용하여 나타내어 보세요.

01 a의 값 → $-3 \leq a < 2$

02 b의 값 → $3 \leq b \leq 7$

03 c의 값 → $-12 < c \leq 0$

140　141

▶ 정답 및 해설 80쪽

개념 다지기 1

a와 b의 크기를 비교하여 ○ 안에 알맞은 부등호를 쓰세요.

01 a는 b보다 크지 **않다**.

→ $a \leq b$

02 a는 b **이상**이다.

→ $a \geq b$

03 a는 b **초과**이다.

→ $a > b$

04 b는 a보다 **크거나 같다**.

→ $a \leq b$

05 b는 a **이하**이다.

→ $a \geq b$

06 b는 a보다 **작지 않다**.

→ $a \leq b$

개념 다지기 2

수의 범위가 같은 것을 찾아 모두 V 표 하세요.

01

a는 5보다 크지 않다.　☑ $a \leq 5$
a는 5 이하이다.　☑ $a \leq 5$
a는 5보다 작지 않다.　☐ $a \geq 5$

02 $b \leq -\frac{5}{4}$

b는 $-\frac{5}{4}$ 이하이다.　☐
b는 $-\frac{5}{4}$ 보다 크거나 같다.　☑ $b \geq -\frac{5}{4}$
b는 $-\frac{5}{4}$ 보다 작지 않다.　☑ $b \geq -\frac{5}{4}$

03

c는 -1.4 미만이다.　☑ $c < -1.4$
c는 -1.4보다 크다.　☐ $c > -1.4$
c는 -1.4보다 작다.　☑ $c < -1.4$

04 $6 \leq d \leq 9$

d는 6 이상이고, 9보다 크지 않다.　☑ $6 \leq d \leq 9$
d는 6보다 작지 않고, 9보다 작거나 같다.　☑ $6 \leq d \leq 9$

05 $-2 < s \leq -\frac{1}{3}$

s는 -2 초과이고, $-\frac{1}{3}$ 보다 크지 않다.　☑ $-2 < s \leq -\frac{1}{3}$
s는 -2 이상이고, $-\frac{1}{3}$ 이하이다.　☐ $-2 \leq s \leq -\frac{1}{3}$

06 $-1 < t < 10$

t는 -1 초과이고, 10 미만이다.　☐
t는 -1 이상이고, 10보다 작거나 같다.　☑ $-1 \leq t \leq 10$ $-1 \leq t \leq 10$

▶ 개념 마무리 1

물음에 답하세요.

01 $-\dfrac{5}{4} \le a < 5$인 정수 a의 최댓값을 구하세요.

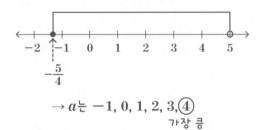

→ a는 $-1, 0, 1, 2, 3, ④$
　　　　　　　　　　가장 큼

답: 4

02 $-6 < b \le -2$인 정수 b는 모두 몇 개인지 쓰세요.

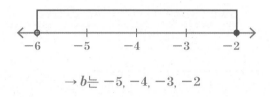

→ b는 $-5, -4, -3, -2$

답: 4개

03 $-2.6 \le c < 3.2$인 정수 c의 최솟값을 구하세요.

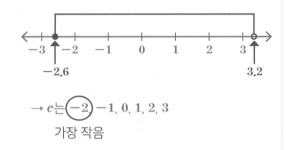

→ c는 $⑤-2, -1, 0, 1, 2, 3$
　　　　가장 작음

답: -2

04 $-8 \le m \le 0$인 정수 m은 모두 몇 개인지 쓰세요.

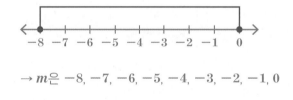

→ m은 $-8, -7, -6, -5, -4, -3, -2, -1, 0$

답: 9개

05 $-1.4 \le t < 5$인 정수 t의 최솟값과 최댓값을 각각 구하세요.

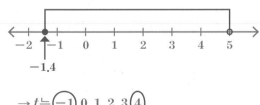

→ t는 $①-1, 0, 1, 2, 3, ④$
　　　가장 작음　　　가장 큼

답: 최솟값 -1,
　　최댓값 4

06 $|d| < 6$인 정수 d는 모두 몇 개인지 쓰세요.

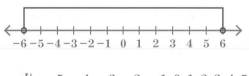

→ d는 $-5, -4, -3, -2, -1, 0, 1, 2, 3, 4, 5$

답: 11개

143쪽 풀이

01 (1) $-2 < a \leq 4$인 정수

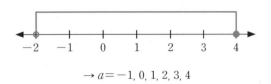

→ $a = -1, 0, 1, 2, 3, 4$

$|b| \leq 2$인 정수 → $-2 \leq b \leq 2$인 정수

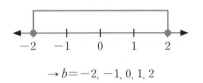

→ $b = -2, -1, 0, 1, 2$

(2) $a \times b$의 최댓값 구하기

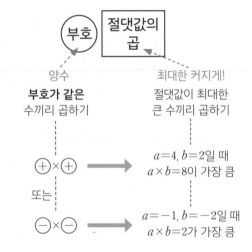

부호 → 절댓값의 곱

양수   최대한 커지게!

부호가 같은 수끼리 곱하기   절댓값이 최대한 큰 수끼리 곱하기

$\oplus \times \oplus$ → $a = 4, b = 2$일 때 $a \times b = 8$이 가장 큼

또는

$\ominus \times \ominus$ → $a = -1, b = -2$일 때 $a \times b = 2$가 가장 큼

→ $a \times b$의 최댓값은 8

$a \times b$의 최솟값 구하기

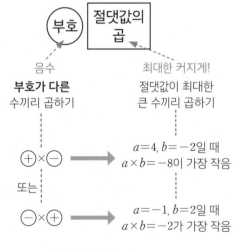

부호 → 절댓값의 곱

음수   최대한 커지게!

부호가 다른 수끼리 곱하기   절댓값이 최대한 큰 수끼리 곱하기

$\oplus \times \ominus$ → $a = 4, b = -2$일 때 $a \times b = -8$이 가장 작음

또는

$\ominus \times \oplus$ → $a = -1, b = 2$일 때 $a \times b = -2$가 가장 작음

→ $a \times b$의 최솟값은 -8

🅔 최댓값 8, 최솟값 -8

▶ 정답 및 해설 82~83쪽

143

▶ **개념 마무리 2**

물음에 답하세요.

01 정수 a, b에 대하여 $-2 < a \leq 4$, $|b| \leq 2$ 일 때,

(1) a와 b의 값을 모두 구하세요.

$a = -1, 0, 1, 2, 3, 4$

$b = -2, -1, 0, 1, 2$

(2) $a \times b$의 최댓값과 최솟값을 구하세요.

최댓값 8

최솟값 -8

02 정수 a, b에 대하여 $1 < a \leq 3$, $-2 < b \leq 2$ 일 때,

(1) a와 b의 값을 모두 구하세요.

$a = 2, 3$

$b = -1, 0, 1, 2$

(2) $a + b$의 최댓값과 최솟값을 구하세요.

최댓값 5

최솟값 1

03 정수 a, b에 대하여 $|a| \leq \frac{3}{2}$, $|b| < 4$일 때,

(1) a와 b의 값을 모두 구하세요.

$a = -1, 0, 1$

$b = -3, -2, -1,$ $0, 1, 2, 3$

(2) $a - b$의 최댓값과 최솟값을 구하세요.

최댓값 4

최솟값 -4

04 정수 a, b에 대하여 $-5 < a \leq -1$, $3 < b \leq 6$ 일 때,

(1) a와 b의 값을 모두 구하세요.

$a = -4, -3, -2, -1$

$b = 4, 5, 6$

(2) $a \div b$의 최댓값과 최솟값을 구하세요.

최댓값 $-\frac{1}{6}$

최솟값 -1

---

02 (1) $1 < a \leq 3$인 정수

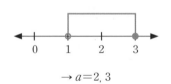

→ $a = 2, 3$

$-2 < b \leq 2$인 정수

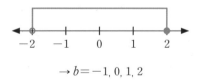

→ $b = -1, 0, 1, 2$

(2) $a + b$의 최댓값은 가장 큰 수끼리 더하면 됨

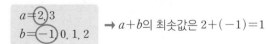

$a = 2, ③$
$b = 1, 0, 1, ②$ → $a + b$의 최댓값은 $3 + 2 = 5$

$a + b$의 최솟값은 가장 작은 수끼리 더하면 됨

$a = ②, 3$
$b = ①, 0, 1, 2$ → $a + b$의 최솟값은 $2 + (-1) = 1$

🅔 최댓값 5, 최솟값 1

03 (1) 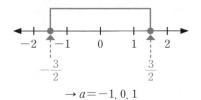 $|a| \leq \dfrac{3}{2}$인 정수 → $-\dfrac{3}{2} \leq a \leq \dfrac{3}{2}$인 정수

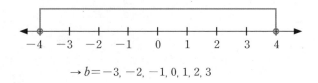

→ $a = -1, 0, 1$

$|b| < 4$인 정수 → $-4 < b < 4$인 정수

→ $b = -3, -2, -1, 0, 1, 2, 3$

---

(2) $a-b$의 최댓값은 (가장 큰 수)−(가장 작은 수)

a 중에서 가장 큰 수

$a = -1, 0, \boxed{1}$
$b = \boxed{-3}, -2, -1, 0, 1, 2, 3$

b 중에서 가장 작은 수

→ $a-b$의 최댓값은 $1-(-3) = 1+(+3)$
$\qquad\qquad\qquad\quad = 4$

$a-b$의 최솟값은 (가장 작은 수)−(가장 큰 수)

a 중에서 가장 작은 수

$a = \boxed{-1}, 0, 1$
$b = -3, -2, -1, 0, 1, 2, \boxed{3}$

b 중에서 가장 큰 수

→ $a-b$의 최솟값은 $-1-3 = -4$

🄰 최댓값 4,
　　최솟값 −4

04 (1) 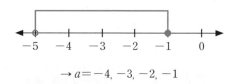 $-5 < a \leq -1$인 정수

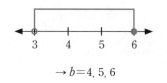

→ $a = -4, -3, -2, -1$

$3 < b \leq 6$인 정수

→ $b = 4, 5, 6$

---

(2) a는 음수, b는 양수이므로 $a \div b$는 항상 음수

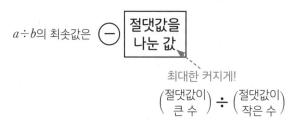 $a \div b$의 최댓값은 $\boxed{-}$ 절댓값을 나눈 값

최대한 작아지게!
$\left(\text{절댓값이 작은 수}\right) \div \left(\text{절댓값이 큰 수}\right)$

a 중에서 절댓값이 가장 작은 수

$a = -4, -3, -2, \boxed{-1}$
$b = 4, 5, \boxed{6}$

b 중에서 절댓값이 가장 큰 수

→ $a \div b$의 최댓값은 $(-1) \div 6 = -\dfrac{1}{6}$

$a \div b$의 최솟값은 $\boxed{-}$ 절댓값을 나눈 값

최대한 커지게!
$\left(\text{절댓값이 큰 수}\right) \div \left(\text{절댓값이 작은 수}\right)$

a 중에서 절댓값이 가장 큰 수

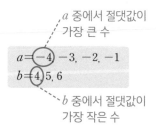 $a = \boxed{-4}, -3, -2, -1$
$b = \boxed{4}, 5, 6$

b 중에서 절댓값이 가장 작은 수

→ $a \div b$의 최솟값은 $(-4) \div 4 = -1$

🄰 최댓값 $-\dfrac{1}{6}$,
　　최솟값 -1

8 활용 (3) ~만큼 큰 / 작은 수

144 145

▶정답 및 해설 84쪽

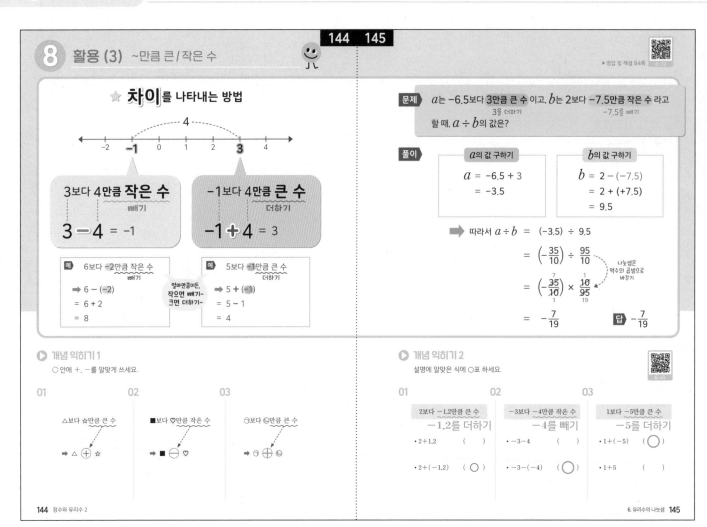

차이를 나타내는 방법

3보다 4만큼 작은 수 (빼기)
$$3 - 4 = -1$$

−1보다 4만큼 큰 수 (더하기)
$$-1 + 4 = 3$$

예) 6보다 −2만큼 작은 수 (빼기)
➡ 6 − (−2)
= 6 + 2
= 8

얼마만큼이든,
작으면 빼기~
크면 더하기~

예) 5보다 −1만큼 큰 수 (더하기)
➡ 5 + (−1)
= 5 − 1
= 4

문제 a는 −6.5보다 3만큼 큰 수 이고, b는 2보다 −7.5만큼 작은 수 라고
(3을 더하기) (−7.5를 빼기)
할 때, $a \div b$의 값은?

풀이

a의 값 구하기	b의 값 구하기
$a = -6.5 + 3$ $= -3.5$	$b = 2 - (-7.5)$ $= 2 + (+7.5)$ $= 9.5$

➡ 따라서 $a \div b = (-3.5) \div 9.5$

$$= \left(-\frac{35}{10}\right) \div \frac{95}{10}$$

나눗셈은 역수의 곱셈으로 바꾸기

$$= \left(-\frac{\overset{7}{\cancel{35}}}{\cancel{10}}\right) \times \frac{\overset{1}{\cancel{10}}}{\underset{19}{\cancel{95}}}$$

$$= -\frac{7}{19}$$

답 $-\frac{7}{19}$

▶ **개념 익히기 1**

○ 안에 +, −를 알맞게 쓰세요.

01

△보다 ☆만큼 큰 수

➡ △ ⊕ ☆

02

■보다 ♡만큼 작은 수

➡ ■ ⊖ ♡

03

㉠보다 ㉡만큼 큰 수

➡ ㉠ ⊕ ㉡

▶ **개념 익히기 2**

설명에 알맞은 식에 ○표 하세요.

01

2보다 −1.2만큼 큰 수

−1.2를 더하기

• 2 + 1.2   (   )

• 2 + (−1.2)   (○)

02

−3보다 −4만큼 작은 수

−4를 빼기

• −3 − 4   (   )

• −3 − (−4)   (○)

03

1보다 −5만큼 큰 수

−5를 더하기

• 1 + (−5)   (○)

• 1 + 5   (   )

▶ 개념 다지기 1

물음에 답하세요.

01 −5보다 −2만큼 작은 수는?

$$-5 - (-2)$$
$$= -5 + (+2)$$
$$= -3$$

답: -3

02 +3보다 −3만큼 큰 수는?

$$+3 + (-3)$$
$$= 0$$

답: 0

03 8보다 −6만큼 큰 수는?

$$8 + (-6)$$
$$= 2$$

답: 2

04 $-\dfrac{5}{4}$보다 $\dfrac{1}{4}$만큼 큰 수는?

$$-\frac{5}{4} + \frac{1}{4}$$
$$= -\frac{4}{4} = -1$$

답: -1

05 −0.2보다 −1만큼 작은 수는?

$$-0.2 - (-1)$$
$$= -0.2 + (+1)$$
$$= +0.8$$

답: $+0.8$

06 $\dfrac{1}{8}$보다 $-\dfrac{21}{8}$만큼 작은 수는?

$$\frac{1}{8} - \left(-\frac{21}{8}\right)$$
$$= \frac{1}{8} + \left(+\frac{21}{8}\right)$$
$$= \frac{22}{8}$$
$$= \frac{11}{4}$$

답: $\dfrac{11}{4}$

02 a는 10보다 3만큼 작은 수

$a=10-3=7$

b는 -5보다 -3만큼 큰 수

$b=-5+(-3)=-8$

→ $a \times b = 7 \times (-8) = -56$

답 -56

---

03 a는 7보다 -17만큼 큰 수

$a=7+(-17)=-10$

b는 -10보다 -99만큼 큰 수

$b=-10+(-99)=-109$

→ $a+b=-10+(-109)=-119$

답 -119

---

04 a는 -15보다 -2만큼 작은 수

$a=-15-(-2)=-15+(+2)$
$\qquad = -13$

b는 2보다 -12만큼 작은 수

$b=2-(-12)=2+(+12)$
$\qquad = +14$

→ $a-b=-13-(+14)$
$\qquad = -13+(-14)$
$\qquad = -27$

답 -27

개념 다지기 2
물음에 답하세요.

01 a는 2.5보다 -2만큼 큰 수이고,
b는 -4보다 2.5만큼 작은 수일 때,
$a \div b$의 값을 구하세요.

$$a=2.5+(-2) \qquad b=(-4)-(-2.5)$$
$$=+0.5 \qquad\qquad =(-4)+(+2.5)$$
$$=+\frac{1}{2} \qquad\qquad =-1.5=-\frac{15}{10}$$

→ $a \div b = \left(+\dfrac{1}{2}\right) \div \left(-\dfrac{15}{10}\right)$
$\qquad = \left(+\dfrac{1}{2}\right) \times \left(-\dfrac{\overset{2}{\cancel{10}}}{15}\right)$
$\qquad = -\dfrac{1}{3}$
답: $-\dfrac{1}{3}$

02 a는 10보다 3만큼 작은 수이고,
b는 -5보다 -3만큼 큰 수일 때,
$a \times b$의 값을 구하세요.

-56

03 a는 7보다 -17만큼 큰 수이고,
b는 -10보다 -99만큼 큰 수일 때,
$a+b$의 값을 구하세요.

-119

04 a는 -15보다 -2만큼 작은 수이고,
b는 2보다 -12만큼 작은 수일 때,
$a-b$의 값을 구하세요.

-27

05 a는 $\frac{1}{5}$보다 -0.8만큼 작은 수이고,
b는 9보다 0.9만큼 큰 수일 때,
$b \div a$의 값을 구하세요.

9.9

06 a는 -1보다 -9만큼 큰 수이고,
b는 0.7보다 2만큼 작은 수일 때,
$a \times b$의 값을 구하세요.

$+13$

---

05 a는 $\dfrac{1}{5}$보다 -0.8만큼 작은 수

$a=\dfrac{1}{5}-(-0.8)=\dfrac{1}{5}-\left(-\dfrac{4}{5}\right)$
$\qquad = \dfrac{1}{5}+\left(+\dfrac{4}{5}\right)$
$\qquad = \dfrac{5}{5}$
$\qquad = 1$

b는 9보다 0.9만큼 큰 수

$b=9+0.9=9.9$

→ $b \div a = 9.9 \div 1$
$\qquad = 9.9$

답 9.9

06 a는 −1보다 −9만큼 큰 수

$a=-1 + (-9)=-10$

b는 0.7보다 2만큼 작은 수

$b=0.7 - 2=-1.3$

➡ $a \times b=(-10) \times (-1.3)$
$= +13$

답 $+13$

02 c는 b보다 7만큼 큰 수
→ $c=b+7$

a는 b보다 −1만큼 큰 수
→ $a=b+(-1)=b-1$

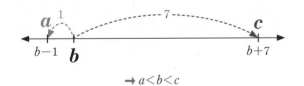

➡ $a<b<c$

답 $a<b<c$

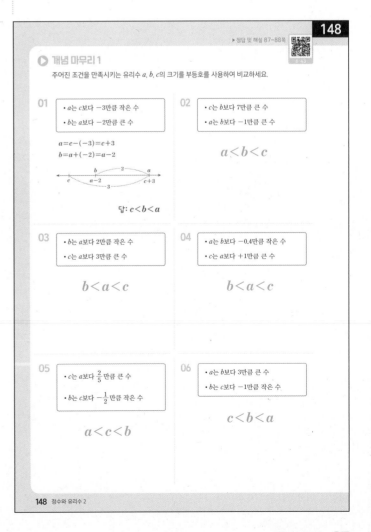

03 b는 a보다 2만큼 작은 수
→ $b=a-2$

c는 a보다 3만큼 큰 수
→ $c=a+3$

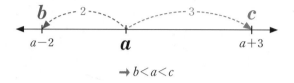

→ $b<a<c$

🗒 $b<a<c$

04 a는 b보다 -0.4만큼 작은 수
→ $a=b-(-0.4)=b+0.4$

c는 a보다 $+1$만큼 큰 수
→ $c=a+(+1)=a+1$

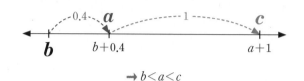

→ $b<a<c$

🗒 $b<a<c$

05 c는 a보다 $\dfrac{2}{5}$만큼 큰 수

→ $c=a+\dfrac{2}{5}$

b는 c보다 $-\dfrac{1}{2}$만큼 작은 수

→ $b=c-\left(-\dfrac{1}{2}\right)$

$=c+\left(+\dfrac{1}{2}\right)$

$=c+\dfrac{1}{2}$

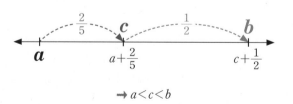

→ $a<c<b$

🗒 $a<c<b$

06 a는 b보다 3만큼 큰 수
→ $a=b+3$

b는 c보다 -1만큼 작은 수
→ $b=c-(-1)$
$=c+(+1)$
$=c+1$

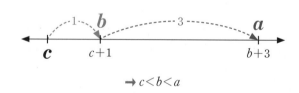

→ $c<b<a$

🗒 $c<b<a$

02 <u>어떤 수</u>보다 -12만큼 큰 수를 3으로 나누어야 하는데

<u>잘못해서, 어떤 수보다 -12만큼 작은 수를 3으로</u>

<u>나누었더니 5</u>가 되었습니다.

바르게 계산한 식

잘못 계산한 식

<잘못 계산한 식>

$$\{\boxed{?}-(-12)\}\div3=5$$

$$\underline{\{\boxed{?}+(+12)\}\div3=5}$$

★이라 하면,

$$★\div3=5$$

$$★=15$$

$$\to \boxed{?}+(+12)=15$$

$$\boxed{?}=3$$

<바르게 계산한 식>

$$\{3+(-12)\}\div3$$

$$=(-9)\div3$$

$$=-3$$

답 -3

03 <u>어떤 수</u>보다 $-\dfrac{3}{4}$만큼 큰 수를 0.25로 나누어야 하는데

<u>잘못해서, 어떤 수보다 0.25만큼 큰 수에 $-\dfrac{3}{4}$을 곱했더니</u>

바르게 계산한 식

잘못 계산한 식

$-\dfrac{21}{16}$이 되었습니다.

<잘못 계산한 식>

$$\left(\boxed{?}+0.25\right)\times\left(-\frac{3}{4}\right)=-\frac{21}{16}$$

$$\underline{\left(\boxed{?}+\frac{1}{4}\right)\times\left(-\frac{3}{4}\right)=-\frac{21}{16}}$$

★이라 하면,

$$★\times\left(-\frac{3}{4}\right)=-\frac{21}{16}$$

$$★=\left(-\frac{21}{16}\right)\div\left(-\frac{3}{4}\right)$$

$$=\left(-\frac{\overset{7}{\cancel{21}}}{\underset{4}{\cancel{16}}}\right)\times\left(-\frac{1}{\underset{1}{\cancel{3}}}\right)$$

$$=+\frac{7}{4}$$

$$\to \boxed{?}+\frac{1}{4}=+\frac{7}{4}$$

$$\boxed{?}=+\frac{7}{4}-\frac{1}{4}$$

$$=+\frac{6}{4}$$

$$=+\frac{3}{2}$$

▶ 개념 마무리 2

물음에 답하세요.

01 어떤 수보다 -9만큼 작은 수에 5를 곱해야 하는데 잘못해서, 어떤 수보다 5만큼 작은 수에 -9를 곱했더니 81이 되었습니다. 바르게 계산한 값을 구하세요.

〈잘못 계산한 식〉

$$(\boxed{?}-5)\times(-9)=81$$

$$\boxed{?}-5=-9$$

$$\boxed{?}=-4$$

〈바르게 계산한 식〉

$$\{(-4)-(-9)\}\times5=\{(-4)+(+9)\}\times5$$

$$=5\times5$$

$$=25$$

답: 25

02 어떤 수보다 -12만큼 큰 수를 3으로 나누어야 하는데 잘못해서, 어떤 수보다 -12만큼 작은 수를 3으로 나누었더니 5가 되었습니다. 바르게 계산한 값을 구하세요.

$$-3$$

03 어떤 수보다 $-\dfrac{3}{4}$만큼 큰 수를 0.25로 나누어야 하는데 잘못해서, 어떤 수보다 0.25만큼 큰 수에 $-\dfrac{3}{4}$을 곱했더니 $-\dfrac{21}{16}$이 되었습니다. 바르게 계산한 값을 구하세요.

$$3$$

04 어떤 수보다 $-\dfrac{6}{5}$만큼 큰 수에 4를 곱해야 하는데 잘못해서, 어떤 수보다 4만큼 큰 수를 $-\dfrac{6}{5}$으로 나누었더니 $-\dfrac{31}{6}$이 되었습니다. 바르게 계산한 값을 구하세요.

$$4$$

<바르게 계산한 식>

$$\left\{\left(+\frac{3}{2}\right)+\left(-\frac{3}{4}\right)\right\}\div0.25$$

$$=\left\{\left(+\frac{6}{4}\right)+\left(-\frac{3}{4}\right)\right\}\div0.25$$

$$=\left(+\frac{3}{4}\right)\div0.25$$

$$=\left(+\frac{3}{4}\right)\div\frac{1}{4}$$

$$=\left(+\frac{3}{\cancel{4}}\right)\times\frac{1}{\cancel{4}}$$

$$=3$$

답 3

149쪽 풀이

04 어떤 수보다 $-\dfrac{6}{5}$ 만큼 큰 수에 4를 곱해야 하는데 잘못해서,

$?$ 바르게 계산한 식

어떤 수보다 4만큼 큰 수를 $-\dfrac{6}{5}$ 으로 나누었더니 $-\dfrac{31}{6}$ 이 되었습니다.

잘못 계산한 식

<잘못 계산한 식>

$(\underbrace{\boxed{?}+4})\div\left(-\dfrac{6}{5}\right)=-\dfrac{31}{6}$
★이라 하면,

$$\bigstar \div\left(-\dfrac{6}{5}\right)=-\dfrac{31}{6}$$

$$\bigstar =\left(-\dfrac{31}{\cancel{6}_1}\right)\times\left(-\dfrac{\cancel{6}^1}{5}\right)$$

$$\bigstar =+\dfrac{31}{5}$$

$$\rightarrow \boxed{?}+4=+\dfrac{31}{5}$$

$$\boxed{?}=+\dfrac{31}{5}-4$$

$$=+\dfrac{31}{5}-\dfrac{20}{5}$$

$$=+\dfrac{11}{5}$$

<바르게 계산한 식>

$$\left\{\left(+\dfrac{11}{5}\right)+\left(-\dfrac{6}{5}\right)\right\}\times 4$$

$$=\left(+\dfrac{5}{5}\right)\times 4$$

$$=(+1)\times 4$$

$$=+4$$

답   4

150쪽 풀이

01 ① $(-12)\div(+4)=-3$ ② $(-8)\div(+2)=-4$

③ $(+36)\div(-9)=-4$ ④ $(-27)\div(-3)=+9$

⑤ $(+40)\div(-5)=-8$

답 ④

02 $-5<a\leq 1$

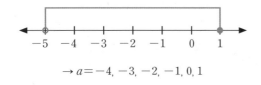

$\rightarrow a=-4,\,-3,\,-2,\,-1,\,0,\,1$

답 $-4,\,-3,\,-2,\,-1,\,0,\,1$

---

6. 유리수의 나눗셈   **단원 마무리**

01 다음 중 나눗셈의 몫의 부호가 다른 것은? ④

① $(-12)\div(+4)$ ② $(-8)\div(+2)$
③ $(+36)\div(-9)$ ④ $(-27)\div(-3)$
⑤ $(+40)\div(-5)$

02 $-5<a\leq 1$을 만족하는 정수 a를 모두 쓰시오.

$-4,\,-3,\,-2,\,-1,\,0,\,1$

03 다음 수 중에서 역수를 바르게 구한 것은? ③

① $-3\rightarrow -\dfrac{3}{1}$ ② $\dfrac{1}{2}\rightarrow -2$
③ $-\dfrac{1}{6}\rightarrow -6$ ④ $\dfrac{2}{5}\rightarrow -\dfrac{5}{2}$
⑤ $-\dfrac{20}{9}\rightarrow \dfrac{9}{20}$

04 다음 중 부등호를 사용하여 바르게 나타낸 것을 모두 찾아 기호를 쓰시오.   ㉠, ㉢

㉠ a는 1 이상 5 미만이다.
　$\rightarrow 1\leq a<5$
㉡ b는 -2보다 작지 않다.
　$\rightarrow -2<b$
㉢ c는 3보다 크지 않고, 0 이상이다.
　$\rightarrow 0\leq c\leq 3$

05 다음을 계산하시오.

$\left(-\dfrac{8}{21}\right)\div\left(-\dfrac{2}{7}\right)$

$+\dfrac{4}{3}$

03 ① -3의 역수

$\rightarrow -\dfrac{1}{3} \neq -\dfrac{3}{1}$

② $\dfrac{1}{2}$의 역수

$\rightarrow 2 \neq -2$

③ $-\dfrac{1}{6}$의 역수

$\rightarrow -6$

② $\dfrac{2}{5}$의 역수

$\rightarrow \dfrac{5}{2} \neq -\dfrac{2}{5}$

⑤ $-\dfrac{20}{9}$의 역수

$\rightarrow -\dfrac{9}{20} \neq \dfrac{9}{20}$

답 ③

04 ㉠ a는 1 이상 5 미만이다.

$\rightarrow 1 \leq a < 5$ (○)

㉡ b는 -2보다 작지 않다.

$\rightarrow -2 < b$ (✕)　$-2 \leq b$

㉢ c는 3보다 크지 않고, 0 이상이다.

$\rightarrow 0 \leq c \leq 3$ (○)

답 ㉠, ㉢

05 $\left(-\dfrac{8}{21}\right) \div \left(-\dfrac{2}{7}\right) = \left(-\dfrac{\overset{4}{\cancel{8}}}{\cancel{21}_{3}}\right) \times \left(-\dfrac{\overset{1}{\cancel{7}}}{\cancel{2}_{1}}\right)$

$= +\dfrac{4}{3}$

답 $+\dfrac{4}{3}$

06 ① $(+4) \div (\cancel{-3}) = -\dfrac{4}{3}$

② $(-6) \div (-7) = +\dfrac{6}{7} \neq -\dfrac{6}{7}$

③ $(+4) \div (+5) = +\dfrac{4}{5} = +\dfrac{8}{10} = +0.8$

④ $(+21) \div (-10) = -\dfrac{21}{10} = -2.1$

⑤ $(-2) \div (-13) = +\dfrac{2}{13}$

답 ②

07 $\left(-\dfrac{5}{6}\right) \times \boxed{?} = \dfrac{7}{24}$

$\rightarrow \boxed{?} = \dfrac{7}{24} \div \left(-\dfrac{5}{6}\right)$

$= \dfrac{7}{\cancel{24}_{4}} \times \left(-\dfrac{\overset{1}{\cancel{6}}}{5}\right)$

$= -\dfrac{7}{20}$

답 $-\dfrac{7}{20}$

151

▶ 정답 및 해설 90~92쪽

06 나눗셈의 몫을 분수 또는 소수로 나타내었습니다. 다음 중 옳지 <u>않은</u> 것은? ②

① $(+4) \div (-3) = -\dfrac{4}{3}$

✓② $(-6) \div (-7) = -\dfrac{6}{7}$

③ $(+4) \div (+5) = +0.8$

④ $(+21) \div (-10) = -2.1$

⑤ $(-2) \div (-13) = +\dfrac{2}{13}$

09 다음 수직선 위에 세 점이 나타내는 유리수 a, b, c에 대하여 $a \div b \div c$의 값은? ④

① -2　　② -1

③ $-\dfrac{2}{3}$　　✓④ $\dfrac{3}{2}$

⑤ $\dfrac{9}{8}$

07 ?에 알맞은 수를 구하시오. $-\dfrac{7}{20}$

$\left(-\dfrac{5}{6}\right) \times \boxed{?} = \dfrac{7}{24}$

10 다음을 계산하시오.

$-41 + 2 \times \left\{(-3)^3 + 27 \div \dfrac{3}{5}\right\}$

-5

08 다음을 계산하시오.

$\dfrac{(-11)}{4} + 3 \div (-2)$

$-\dfrac{17}{4}$

6. 유리수의 나눗셈 **151**

151쪽 풀이

08
$$\left(\frac{-11}{4}\right)+3\div(-2)=\left(-\frac{11}{4}\right)+\left(-\frac{3}{2}\right)$$
$$=\left(-\frac{11}{4}\right)+\left(-\frac{6}{4}\right)$$
$$=-\frac{17}{4}$$

답 $-\frac{17}{4}$

09

a는 $-1\frac{1}{2}=-\frac{3}{2}$　　b는 $-\frac{3}{4}$　　c는 $1\frac{1}{3}=\frac{4}{3}$

→ $a\div b\div c=\left(-\frac{3}{2}\right)\div\left(-\frac{3}{4}\right)\div\frac{4}{3}$
$$=\left(-\frac{\overset{1}{\cancel{3}}}{2}\right)\times\left(-\frac{\overset{1}{\cancel{4}}}{\underset{1}{\cancel{3}}}\right)\times\frac{3}{\underset{1}{\cancel{4}}}$$
$$=+\frac{3}{2}$$

답 ④

10
$$-41+2\times\left\{(-3)^3+27\div\frac{3}{5}\right\}$$
$$=-41+2\times\left\{(-27)+27\div\frac{3}{5}\right\}$$
$$=-41+2\times\left\{(-27)+\overset{9}{\cancel{27}}\times\frac{5}{\underset{1}{\cancel{3}}}\right\}$$
$$=-41+2\times\{(-27)+45\}$$
$$=-41+2\times18$$
$$=-41+36$$
$$=-5$$

답 -5

152쪽 풀이

11

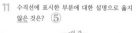

① a는 -2 이상 3 미만인 수입니다. (○)

② a의 값 중 정수인 수의 개수는 5개입니다. (○)
　→ a의 값 중에서 정수인 것은 $-2, -1, 0, 1, 2$

③ 부등호로 나타내면 $-2\leq a<3$입니다. (○)

④ a의 값의 최솟값은 -2입니다. (○)

⑤ a의 값의 최댓값은 3입니다. (×)
　→ 3 미만이므로 3은 포함되지 않음

답 ⑤

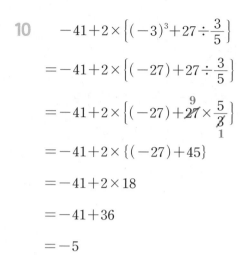

152

단원 마무리

11 수직선에 표시한 부분에 대한 설명으로 옳지 않은 것은? ⑤

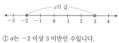

① a는 -2 이상 3 미만인 수입니다.
② a의 값 중 정수인 수의 개수는 5개입니다.
③ 부등호로 나타내면 $-2\leq a<3$입니다.
④ a의 값의 최솟값은 -2입니다.
⑤ a의 값의 최댓값은 3입니다.

12 5보다 -15만큼 작은 수를 a, -2보다 $\frac{3}{4}$만큼 큰 수를 b라고 할 때, $a\div b$의 값을 구하시오.

-16

13 어떤 수를 $\frac{2}{3}$로 나누어야 할 것을 잘못하여 곱했더니 $-\frac{7}{3}$이 되었습니다. 바르게 계산한 값을 구하시오.

$-\frac{21}{4}$

14 다음을 계산하시오.
$$\left(+\frac{1}{2}\right)\div\left(-\frac{2}{3}\right)\div\left(-\frac{3}{4}\right)\div\left(-\frac{5}{6}\right)\div\left(-\frac{6}{7}\right)$$

$-\frac{7}{4}$

15 다음 그림과 같은 정육면체 모양의 주사위에서 마주 보는 면에 적힌 두 수가 서로 역수일 때, 보이지 않는 면에 적힌 세 수의 곱을 구하시오.

$+5$

152 정수와 유리수 2

152쪽 풀이

12 a는 5보다 -15만큼 작은 수

$\rightarrow a = 5 - (-15)$
$ = 5 + (+15)$
$ = 20$

b는 -2보다 $\dfrac{3}{4}$만큼 큰 수

$\rightarrow b = (-2) + \dfrac{3}{4}$
$ = \left(-\dfrac{8}{4}\right) + \dfrac{3}{4}$
$ = -\dfrac{5}{4}$

$\rightarrow a \div b = 20 \div \left(-\dfrac{5}{4}\right)$

$ = \overset{4}{\cancel{20}} \times \left(-\dfrac{4}{\cancel{5}}\right)$
$\phantom{\rightarrow a \div b \underset{1}{}} = -16$

답 -16

13

?　　　　바르게 계산한 식
어떤 수를 $\dfrac{2}{3}$로 나누어야 할 것을 잘못하여

곱했더니 $-\dfrac{7}{3}$이 되었습니다.
잘못 계산한 식

<잘못 계산한 식>

$\boxed{?} \times \dfrac{2}{3} = -\dfrac{7}{3}$

$\rightarrow \boxed{?} = \left(-\dfrac{7}{3}\right) \div \dfrac{2}{3}$

$\phantom{\rightarrow \boxed{?}} = \left(-\dfrac{7}{\cancel{3}}\right) \times \dfrac{\cancel{3}}{2}$
$\phantom{\rightarrow \boxed{?} xxx \underset{1}{}} $
$\phantom{\rightarrow \boxed{?}} = -\dfrac{7}{2}$

<바르게 계산한 식>

$\left(-\dfrac{7}{2}\right) \div \dfrac{2}{3} = \left(-\dfrac{7}{2}\right) \times \dfrac{3}{2}$

$\phantom{\left(-\dfrac{7}{2}\right) \div \dfrac{2}{3}} = -\dfrac{21}{4}$

답 $-\dfrac{21}{4}$

14 $\left(+\dfrac{1}{2}\right) \div \left(-\dfrac{2}{3}\right) \div \left(-\dfrac{3}{4}\right) \div \left(-\dfrac{4}{5}\right) \div \left(-\dfrac{5}{6}\right) \div \left(-\dfrac{6}{7}\right)$

$= \left(+\dfrac{1}{2}\right) \times \left(-\dfrac{\cancel{3}}{2}\right) \times \left(-\dfrac{\cancel{4}}{\cancel{3}}\right) \times \left(-\dfrac{\cancel{5}}{\cancel{4}}\right) \times \left(-\dfrac{\cancel{6}}{\cancel{5}}\right) \times \left(-\dfrac{7}{\cancel{6}}\right)$

$= -\dfrac{7}{4}$

답 $-\dfrac{7}{4}$

15 마주 보는 면에 적힌 두 수는 역수

　-1과 마주 보는 면 $\longrightarrow -1$

　1.2와 마주 보는 면

　$1.2 = \dfrac{12}{10} = \dfrac{6}{5}$ $\xrightarrow{\text{역수}}$ $\dfrac{5}{6}$

　$-\dfrac{1}{6}$과 마주 보는 면 $\longrightarrow -6$

$\rightarrow$ 세 수의 곱은

$(-1) \times \dfrac{5}{\cancel{6}} \times (-\cancel{6}) = +5$
$\phantom{(-1) \times \dfrac{5}{\underset{1}{}}}$

답 $+5$

153쪽 풀이

16

$a \times b < 0$

→ 곱이 음수이므로, a와 b의 부호가 다름

$c \div a > 0$

→ 나눈 값이 양수이므로, a와 c의 부호가 같음

→ 따라서, $\begin{pmatrix} a의 \\ 부호 \end{pmatrix} = \begin{pmatrix} c의 \\ 부호 \end{pmatrix} \neq \begin{pmatrix} b의 \\ 부호 \end{pmatrix}$

$b < c$

- a, c가 ⊕, b가 ⊖라면
  $b < c$ (○)
- a, c가 ⊖, b가 ⊕라면
  $b > c$ (×)

→ 따라서, 세 수의 부호는

a	b	c
⊕	⊖	⊕

▣ $a > 0, b < 0, c > 0$

---

16 유리수 a, b, c에 대하여 $a \times b < 0$, $b < c$, $c \div a > 0$일 때, a, b, c의 부호를 부등호를 사용하여 나타내시오.

$a > 0, \ b < 0, \ c > 0$

17 다음과 같이 화살표를 따라서 계산할 때, ㉠에 알맞은 수를 구하시오.

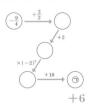

$+6$

18 다음 조건을 만족시키는 유리수 a, b, c, d를 큰 수부터 차례로 쓰시오.

- c는 a보다 -3만큼 작은 수
- d는 c보다 2만큼 큰 수
- b는 a보다 2.5만큼 작은 수

d, c, a, b

19 정수 a, b가 다음 조건을 만족할 때, $a \times b$의 최댓값과 최솟값을 각각 구하시오.

- a는 -1보다 작지 않고, 4 미만입니다.
- $|b| \leq 3$

최댓값 9
최솟값 -9

20 $-1 < x \leq a$인 유리수 x 중에서 정수가 4개일 때, 유리수 a의 값이 될 수 있는 것은? ③

① 2　　　② 2.5
③ $\dfrac{22}{7}$　　④ 4
⑤ 5

17

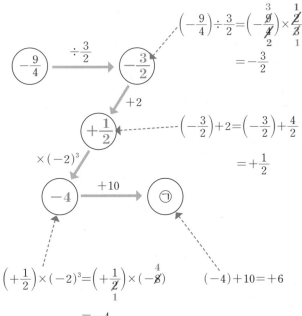

$\left(-\dfrac{9}{4}\right) \div \dfrac{3}{2} = \left(-\dfrac{\cancel{9}^{3}}{\cancel{4}_{2}}\right) \times \dfrac{\cancel{2}^{1}}{3}$
$= -\dfrac{3}{2}$

$\left(-\dfrac{3}{2}\right) + 2 = \left(-\dfrac{3}{2}\right) + \dfrac{4}{2}$
$= +\dfrac{1}{2}$

$\left(+\dfrac{1}{2}\right) \times (-2)^3 = \left(+\dfrac{1}{\cancel{2}}\right) \times \left(-\cancel{8}^{4}\right)$
$= -4$

$(-4) + 10 = +6$

▣ $+6$

---

18 c는 a보다 -3만큼 작은 수
→ $c = a - (-3)$
$= a + (+3)$
$= a + 3$

d는 c보다 2만큼 큰 수
→ $d = c + 2$

b는 a보다 2.5만큼 작은 수
→ $b = a - 2.5$

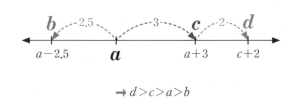

→ $d > c > a > b$

▣ d, c, a, b

19

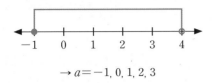

→ $-1 \leq a < 4$

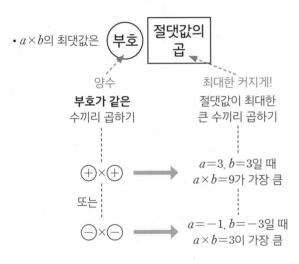

→ $a = -1, 0, 1, 2, 3$

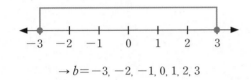

→ $-3 \leq b \leq 3$

→ $b = -3, -2, -1, 0, 1, 2, 3$

• $a \times b$의 최댓값은 ⓐ부호 절댓값의 곱

양수

부호가 같은
수끼리 곱하기

최대한 커지게!
절댓값이 최대한
큰 수끼리 곱하기

$\oplus \times \oplus$ ⟶ $a = 3, b = 3$일 때
$a \times b = 9$가 가장 큼

또는

$\ominus \times \ominus$ ⟶ $a = -1, b = -3$일 때
$a \times b = 3$이 가장 큼

→ $a \times b$의 최댓값은 9

• $a \times b$의 최솟값은 ⓐ부호 절댓값의 곱

음수

부호가 다른
수끼리 곱하기

최대한 커지게!
절댓값이 최대한
큰 수끼리 곱하기

$\oplus \times \ominus$ ⟶ $a = 3, b = -3$일 때
$a \times b = -9$가 가장 작음

또는

$\ominus \times \oplus$ ⟶ $a = -1, b = 3$일 때
$a \times b = -3$이 가장 작음

→ $a \times b$의 최솟값은 -9

🔲 최댓값 **9**,
   최솟값 **-9**

20 $-1 < x \leq a$인 **정수** x가 4개

만약 $a = 2$라면,

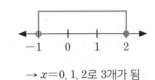

→ $x = 0, 1, 2$로 3개가 됨

만약 $a = 3$이라면,

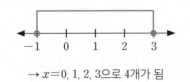

→ $x = 0, 1, 2, 3$으로 4개가 됨

만약 $a = 4$라면,

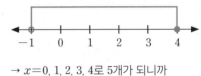

→ $x = 0, 1, 2, 3, 4$로 5개가 되니까
   a는 **4가 될 수 없음**

따라서, a는 4보다는 작아야 함

→ a는 **3 이상 4 미만**의 수

🔲 ③

154쪽 풀이

21 $-\dfrac{3}{20}$의 역수 → $-\dfrac{20}{3}$

$1.8=\dfrac{18}{10}=\dfrac{9}{5}$의 역수 → $\dfrac{5}{9}$

$$\rightarrow \left(-\dfrac{20}{3}\right)\div\dfrac{5}{9}=\left(-\dfrac{\overset{4}{\cancel{20}}}{\cancel{3}_1}\right)\times\dfrac{\overset{3}{\cancel{9}}}{\cancel{5}_1}$$

$$=-12$$

답 -12

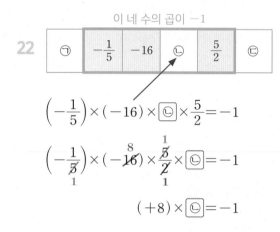

22

$$\left(-\dfrac{1}{5}\right)\times(-16)\times\boxed{\text{ㄴ}}\times\dfrac{5}{2}=-1$$

$$\left(-\dfrac{1}{\cancel{5}_1}\right)\times(-\overset{8}{\cancel{16}})\times\dfrac{\overset{1}{\cancel{5}}}{\cancel{2}_1}\times\boxed{\text{ㄴ}}=-1$$

$$(+8)\times\boxed{\text{ㄴ}}=-1$$

$$\boxed{\text{ㄴ}}=(-1)\div(+8)$$

$$\boxed{\text{ㄴ}}=-\dfrac{1}{8}$$

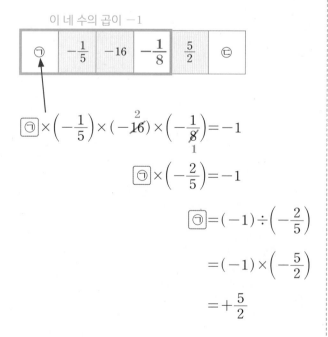

$$\boxed{\text{ㄱ}}\times\left(-\dfrac{1}{5}\right)\times(-\overset{2}{\cancel{16}})\times\left(-\dfrac{1}{\cancel{8}_1}\right)=-1$$

$$\boxed{\text{ㄱ}}\times\left(-\dfrac{2}{5}\right)=-1$$

$$\boxed{\text{ㄱ}}=(-1)\div\left(-\dfrac{2}{5}\right)$$

$$=(-1)\times\left(-\dfrac{5}{2}\right)$$

$$=+\dfrac{5}{2}$$

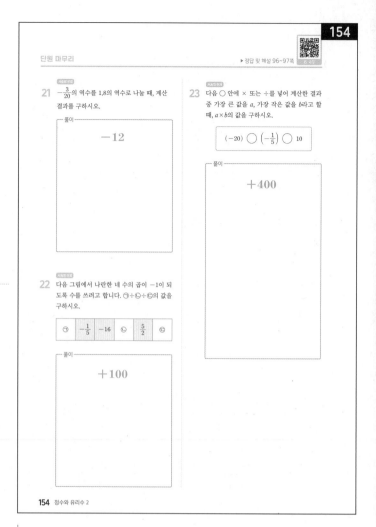

단원 마무리　▶정답 및 해설 96~97쪽

21 $-\dfrac{3}{20}$의 역수를 1.8의 역수로 나눌 때, 계산 결과를 구하시오.

　풀이

-12

22 다음 그림에서 나란한 네 수의 곱이 -1이 되도록 수를 쓰려고 합니다. ㄱ÷ㄴ÷ㄷ의 값을 구하시오.

| ㄱ | $-\dfrac{1}{5}$ | -16 | ㄴ | $\dfrac{5}{2}$ | ㄷ |

　풀이

$+100$

23 다음 ○ 안에 × 또는 ÷를 넣어 계산한 결과 중 가장 큰 값을 a, 가장 작은 값을 b라고 할 때, $a\times b$의 값을 구하시오.

$(-20)\bigcirc\left(-\dfrac{1}{5}\right)\bigcirc 10$

　풀이

$+400$

154 정수와 유리수 2

이 네 수의 곱이 -1

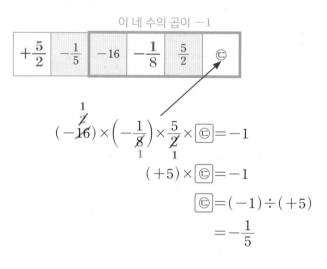

$$(-\overset{1}{\cancel{16}})\times\left(-\dfrac{1}{\cancel{8}_1}\right)\times\dfrac{\overset{1}{\cancel{5}}}{\cancel{2}_1}\times\boxed{\text{ㄷ}}=-1$$

$$(+5)\times\boxed{\text{ㄷ}}=-1$$

$$\boxed{\text{ㄷ}}=(-1)\div(+5)$$

$$=-\dfrac{1}{5}$$

$$\rightarrow \text{ㄱ}=+\dfrac{5}{2},\ \text{ㄴ}=-\dfrac{1}{8},\ \text{ㄷ}=-\dfrac{1}{5}\text{이므로}$$

$$\text{ㄱ}\div\text{ㄴ}\div\text{ㄷ}=\left(+\dfrac{5}{2}\right)\div\left(-\dfrac{1}{8}\right)\div\left(-\dfrac{1}{5}\right)$$

$$=\left(+\dfrac{5}{\cancel{2}_1}\right)\times(-\overset{4}{\cancel{8}})\times(-5)$$

$$=+100$$

답 $+100$

23 ○ 안에 ×, ÷를 직접 넣어 계산 결과를 비교해 봅니다.

$$(-\overset{4}{\cancel{20}}) \times \left(-\frac{1}{\underset{1}{\cancel{5}}}\right) \times 10 = +40$$

$$(-20) \times \left(-\frac{1}{5}\right) \div 10 = (-\overset{2}{\cancel{20}}) \times \left(-\frac{1}{5}\right) \times \frac{1}{\underset{1}{\cancel{10}}}$$

$$= +\frac{2}{5} \leftarrow \text{결과가 가장 작음, } b$$

$$(-20) \div \left(-\frac{1}{5}\right) \times 10 = (-20) \times (-5) \times 10$$

$$= +1000 \leftarrow \text{결과가 가장 큼, } a$$

$$(-20) \div \left(-\frac{1}{5}\right) \div 10 = (-\overset{2}{\cancel{20}}) \times (-5) \times \frac{1}{\underset{1}{\cancel{10}}}$$

$$= +10$$

→ $a = +1000$, $b = +\frac{2}{5}$ 이므로, $a \times b$ 는

$$(+\overset{200}{\cancel{1000}}) \times \left(+\frac{2}{\underset{1}{\cancel{5}}}\right) = +400$$

답 $+400$

01 ① $\frac{1}{2} > -4$ ② $(-1)^4 = +1 > -4$

③ $0 > -4$ ④ $-3 > -4$

⑤ $(-5)^3 = -125 < -4$

답 ⑤

02 ① $\frac{-3}{4} = -\frac{3}{4}$ ② $\frac{3}{-4} = -\frac{3}{4}$

③ $\frac{-3}{-4} = +\frac{3}{4}$ ④ $(-3) \div (+4) = \frac{-3}{+4} = -\frac{3}{4}$

⑤ $(+3) \times \left(-\frac{1}{4}\right) = -\frac{3}{4}$

답 ③

156

총정리 문제

· 정수와 유리수 1, 2권에 대한 총정리 문제입니다.

01 다음 중 −4보다 작은 수는? ⑤

① $\frac{1}{2}$ ② $(-1)^4$

③ 0 ④ -3

⑤ $(-5)^3$

02 다음 중 $-\frac{3}{4}$ 과 같지 않은 것은? ③

① $\frac{-3}{4}$ ② $\frac{3}{-4}$

③ $\frac{-3}{-4}$ ④ $(-3) \div (+4)$

⑤ $(+3) \times \left(-\frac{1}{4}\right)$

03 다음 중 계산 결과가 다른 하나는? ①

① $(+4) - (-3)$ ② $(-4) + (+3)$

③ $(-6) - (-5)$ ④ $(+2) - (+3)$

⑤ $(+7) + (-8)$

04 다음을 계산하시오.

$$\left(\frac{12}{-5}\right) \div \left(\frac{-9}{10}\right)$$

$$+\frac{8}{3}$$

05 다음 설명 중 옳지 않은 것은? ③

① 모든 정수는 유리수입니다.

② 0은 유리수입니다.

③ 음수의 세제곱은 양수입니다.

④ 두 음수의 곱은 양수입니다.

⑤ 두 음수의 나눗셈은 양수입니다.

156쪽 풀이

03 ① $(+4)-(-3)$
$=(+4)+(+3)$
$=+7$

② $(-4)+(+3)$
$=-1$

③ $(-6)-(-5)$
$=(-6)+(+5)$
$=-1$

④ $(+2)-(+3)$
$=(+2)+(-3)$
$=-1$

⑤ $(+7)+(-8)$
$=-1$

답 ①

04 $\left(\dfrac{12}{-5}\right)\div\left(\dfrac{-9}{10}\right)=\left(-\dfrac{12}{5}\right)\div\left(-\dfrac{9}{10}\right)$

$=\left(-\dfrac{\cancel{12}^{4}}{\cancel{5}}\right)\times\left(-\dfrac{\cancel{10}^{2}}{\cancel{9}_{3}}\right)$

$=+\dfrac{8}{3}$

답 $+\dfrac{8}{3}$

157쪽 풀이

06 ① a는 -2보다 크지 않다. $\rightarrow -2\geq a$
$\underset{=작거나 같다}{\underbrace{}}$
$=이하$

② a는 3 이상 5 미만이다. $\rightarrow 3\leq a<5$

③ a는 6보다 크거나 같다. $\rightarrow 6\leq a$
$\underset{=이상}{\underbrace{}}$

④ a는 -1 초과 1 이하이다. $\rightarrow -1<a\leq 1$

⑤ a는 $-\dfrac{1}{4}$보다 크고, 4보다 작거나 같다.
$\underset{=초과}{\underbrace{}}$ $\underset{=이하}{\underbrace{}}$

$\rightarrow -\dfrac{1}{4}<a\leq 4$

답 ⑤

05

```
         ┌ 정수 ┌ 양의 정수
유리수 ─┤       ├ 0                유리수 ┌ 양의 유리수
         │       └ 음의 정수              ├ 0
         └ 정수가 아닌 유리수             └ 음의 유리수
```

① 모든 정수는 유리수이다. (○)

② 0은 유리수이다. (○)

③ 음수의 세제곱은 ~~양수~~이다. (×)
     음수
$\ominus^3 \rightarrow \ominus\times\ominus\times\ominus \rightarrow \ominus$

④ 두 음수의 곱은 양수이다. (○)
$\ominus\times\ominus \rightarrow \oplus$

⑤ 두 음수의 나눗셈은 양수이다. (○)
$\ominus\div\ominus \rightarrow \oplus$

답 ③

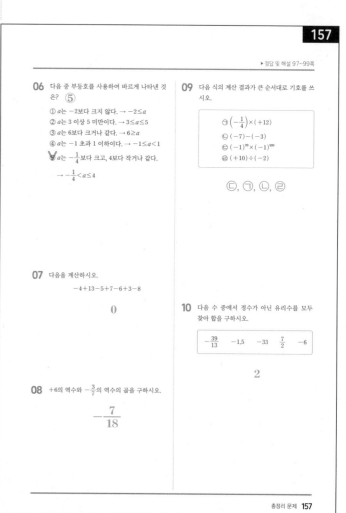

07 음수는 음수끼리, 양수는 양수끼리 모아서 계산하기

$-4+13-5+7-6+3-8$
$=-4-5-6-8+13+7+3$
$=-23+23$
$=0$

답 0

08 $+6$의 역수 → $+\dfrac{1}{6}$

$-\dfrac{3}{7}$의 역수 → $-\dfrac{7}{3}$

→ $\left(+\dfrac{1}{6}\right)\times\left(-\dfrac{7}{3}\right)=-\dfrac{7}{18}$

답 $-\dfrac{7}{18}$

09 ㉠ $\left(-\dfrac{1}{\overset{}{\underset{1}{4}}}\right)\times\left(+\overset{3}{\underset{}{12}}\right)$
$=-3$

㉡ $(-7)-(-3)$
$=(-7)+(+3)$
$=-4$

㉢ $(-1)^{99}\times(-1)^{999}$
$=(-1)\times(-1)$
$=+1$

㉣ $(+10)\div(-2)$
$=-5$

답 ㉢, ㉠, ㉡, ㉣

10

$-\dfrac{39}{13}$ -1.5 -33 $\dfrac{7}{2}$ -6
$\underset{\text{정수}}{\overset{=}{-3}}$ 정수가 아닌 유리수 정수 정수가 아닌 유리수 정수

→ $(-1.5)+\dfrac{7}{2}=\left(-\dfrac{3}{2}\right)+\dfrac{7}{2}$
$=\dfrac{4}{2}$
$=2$

답 2

11

$\underset{-2}{\overset{\shortparallel}{}}$

① 양수인 수 카드는 ~~1장~~입니다. (×)
→ $0.01, \dfrac{1}{10}, 100$이므로 3장

② 정수인 수 카드는 ~~2장~~입니다. (×)
→ $-9, 100, -\dfrac{4}{2}(=-2)$이므로 3장

③ 정수가 아닌 유리수인 카드는 ~~3장~~입니다. (×)
→ $0.01, \dfrac{1}{10}$이므로 2장

④ 음의 유리수인 카드는 2장입니다. (○)
→ $-9, -\dfrac{4}{2}$이므로 2장이 맞음

⑤ 유리수인 카드는 ~~2장~~입니다. (×)
→ 5장 모두 유리수

답 ④

총정리 문제

11 5장의 수 카드에 대한 설명으로 옳은 것은? ④

-9 0.01 $\dfrac{1}{10}$ 100 $-\dfrac{4}{2}$

① 양수인 수 카드는 1장입니다.
② 정수인 수 카드는 2장입니다.
③ 정수가 아닌 유리수인 카드는 3장입니다.
④ 음의 유리수인 카드는 2장입니다.
⑤ 유리수인 카드는 2장입니다.

13 다음 수 중에서 가장 작은 수를 a, 가장 큰 수를 b라고 할 때, $a-b$의 값을 구하시오.

$+\dfrac{1}{2}$ -1 $-\dfrac{6}{5}$ 1.5 $+2$

$-\dfrac{16}{5}$

14 다음을 계산하시오.
$\left(-\dfrac{2}{3}\right)+(-2.4)+(+5)+\left(+\dfrac{5}{3}\right)+(-1.6)$

$+2$

12 분배법칙을 이용하여 다음을 계산하시오.
$\dfrac{4}{7}\times\left(35-\dfrac{21}{4}\right)$

17

15 ？에 알맞은 수를 구하시오.

$\left(-\dfrac{3}{2}\right)\times\boxed{？}\times4=-2$

$+\dfrac{1}{3}$

158쪽 풀이

12

$$\frac{4}{7}\times\left(35-\frac{21}{4}\right)=\frac{4}{7}\times\overset{5}{\cancel{35}}-\frac{\overset{1}{\cancel{4}}}{\cancel{7}}\times\frac{\overset{3}{\cancel{21}}}{\cancel{4}}$$

$$=20-3$$

$$=17$$

답 17

14

$$\left(-\frac{2}{3}\right)+(-2.4)+(+5)+\left(+\frac{5}{3}\right)+(-1.6)$$

$$=\underbrace{\left(-\frac{2}{3}\right)+\left(+\frac{5}{3}\right)}_{=+\frac{3}{3}=+1}+\underbrace{(-2.4)+(-1.6)}_{=-4}+(+5)$$

$$=(+1)+(-4)+(+5)$$

$$=+2$$

답 $+2$

13

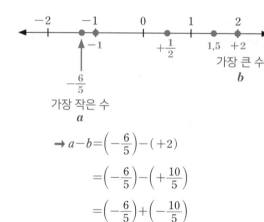

| $+\frac{1}{2}$ | -1 | $-\frac{6}{5}$ | 1.5 | $+2$ |

$$\rightarrow a-b=\left(-\frac{6}{5}\right)-(+2)$$

$$=\left(-\frac{6}{5}\right)-\left(+\frac{10}{5}\right)$$

$$=\left(-\frac{6}{5}\right)+\left(-\frac{10}{5}\right)$$

$$=-\frac{16}{5}$$

답 $-\frac{16}{5}$

15

$$\left(-\frac{3}{2}\right)\times\boxed{?}\times4=-2$$

$$\boxed{?}\times\left(-\frac{3}{\cancel{2}}\right)\times\overset{2}{\cancel{4}}=-2$$

$$\boxed{?}\times(-6)=-2$$

$$\boxed{?}=(-2)\div(-6)$$

$$=+\frac{2}{6}$$

$$=+\frac{1}{3}$$

답 $+\frac{1}{3}$

16

$$(\blacktriangle + \heartsuit) \times \bigstar = -25$$

$$\blacktriangle \times \bigstar + \heartsuit \times \bigstar = -25$$

$$\underbrace{}_{\substack{\| \\ \bigstar \times \blacktriangle \\ \| \\ -5}}$$

$$\to (-5) + \heartsuit \times \bigstar = -25$$

$$\begin{aligned}\bigstar \times \heartsuit &= (-25) - (-5) \\ &= (-25) + (+5) \\ &= -20\end{aligned}$$

답 -20

17

① $\dfrac{1}{4} \times \left(-\dfrac{2^3}{9}\right)$

$= \dfrac{1}{\cancel{4}_1} \times \left(-\dfrac{\cancel{8}^2}{9}\right)$

$= -\dfrac{2}{9}$

② $\left(-\dfrac{2^2}{3^3}\right) \times \left(\dfrac{3}{2}\right)^3$

$= \left(-\dfrac{\cancel{2^2}^1}{\cancel{3^3}}\right) \times \left(\dfrac{\cancel{3^3}^1}{\cancel{2^3}}_2\right)$

$= -\dfrac{1}{2}$

③ $\left(-\dfrac{7^2}{5}\right) \times \left(-\dfrac{5}{7}\right)^3$

$= \left(-\dfrac{\cancel{7^2}^1}{\cancel{5}}\right) \times \left(-\dfrac{\cancel{5^3}^{5^2}}{\cancel{7^3}}_7\right)$

$= +\dfrac{5^2}{7}$

$= +\dfrac{25}{7} \neq -\dfrac{5}{7}$

④ $\left(-\dfrac{5}{13}\right)^{98} \times \dfrac{13^{99}}{5^{100}}$

$= \left(+\dfrac{\cancel{5^{98}}^1}{\cancel{13^{98}}}\right) \times \dfrac{\cancel{13^{99}}^{13}}{\cancel{5^{100}}_{5^2}}$

$= +\dfrac{13}{5^2}$

$= +\dfrac{13}{25}$

⑤ $\left(-\dfrac{3^3}{5^2}\right) \times \left(-\dfrac{25}{9}\right)$

$= \left(-\dfrac{\cancel{3^3}^3}{\cancel{5^2}}\right) \times \left(-\dfrac{\cancel{5^2}}{\cancel{3^2}}_1\right)$

$= +3$

답 ③

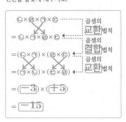

▶ 정답 및 해설 99~101쪽

16 ★×▲=-5, (▲+♥)×★=-25일 때,
★×♥의 값을 구하시오.

-20

17 다음 중 옳지 않은 것은? ③

① $\dfrac{1}{4} \times \left(-\dfrac{2^3}{9}\right) = -\dfrac{2}{9}$

② $\left(-\dfrac{2^2}{3^3}\right) \times \left(\dfrac{3}{2}\right)^3 = -\dfrac{1}{2}$

③ $\left(-\dfrac{7^2}{5}\right) \times \left(-\dfrac{5}{7}\right)^3 = -\dfrac{5}{7}$

④ $\left(-\dfrac{5}{13}\right)^{98} \times \dfrac{13^{99}}{5^{100}} = +\dfrac{13}{25}$

⑤ $\left(-\dfrac{3^3}{5^2}\right) \times \left(-\dfrac{25}{9}\right) = +3$

18 어떤 두 수의 절댓값이 각각 2, 4일 때, 다음 중 두 수의 합이 될 수 없는 것은? ②

① -6 ② -4
③ -2 ④ $+2$
⑤ $+6$

19 ㉠×㉡=-3이고, ㉢×㉣=+5일 때, ㉡×㉠×㉣×㉢의 값을 구하는 과정입니다. 빈칸을 알맞게 채우시오.

㉡×㉠×㉣×㉢ ⋯⋯ 곱셈의 교환법칙

$=$ ㉠×㉡×㉣×㉢ ⋯⋯ 곱셈의 결합법칙

$=$ (㉠×㉡)×(㉣×㉢) ⋯⋯ 곱셈의 교환법칙

$=$ (㉠×㉡)×(㉢×㉣)

$=$ (-3)×(+5)

$=$ -15

총정리 문제 **159**

18 절댓값이 2인 수 → $+2$ 또는 -2
절댓값이 4인 수 → $+4$ 또는 -4

두 수의 합이 될 수 있는 경우

• $(+2)+(+4)=+6$	• $(-2)+(+4)=+2$
• $(+2)+(-4)=-2$	• $(-2)+(-4)=-6$

답 ②

20

$$14-2\times\left\{(-2)^3+8\div\left(-\frac{4}{5}\right)\right\}$$

$$=14-2\times\left\{(-8)+8\div\left(-\frac{4}{5}\right)\right\}$$

$$=14-2\times\left\{(-8)+\overset{2}{8}\times\left(-\frac{5}{\underset{1}{4}}\right)\right\}$$

$$=14-2\times\{(-8)+(-10)\}$$

$$=14-2\times(-18)$$

$$=14-(-36)$$

$$=14+(+36)$$

$$=+50$$

답 $+50$

총정리 문제

20 다음을 계산하시오.
$$14-2\times\left\{(-2)^3+8\div\left(-\frac{4}{5}\right)\right\}$$
$+50$

22 a는 $\frac{4}{3}$보다 $-\frac{8}{3}$만큼 큰 수이고, b는 $-\frac{3}{5}$보다 $-\frac{1}{5}$만큼 작은 수일 때, $a\div b$의 값을 구하시오.
$+\frac{10}{3}$

21 절댓값이 각각 12, 15인 두 수의 곱은 음수이고, 합은 양수일 때, 두 수를 구하시오.
$-12, +15$

23 어떤 수를 $-\frac{5}{7}$로 나누어야 할 것을 잘못하여 곱했더니 $-\frac{25}{98}$가 되었습니다. 바르게 계산한 값을 구하시오.
$-\frac{1}{2}$

160 정수와 유리수 2

---

21 두 수의 절댓값이 각각 12, 15이고,

두 수의 곱이 음수, 합이 양수

곱한 두 수의
부호가 다름

$\rightarrow -12, +15$ 또는 $+12, -15$

합은 $+3$ 합은 -3

→ 합이 양수가 되려면 $-12, +15$여야 함

답 $-12, +15$

---

22 a는 $\frac{4}{3}$보다 $-\frac{8}{3}$만큼 큰 수

$$\rightarrow a=\frac{4}{3}+\left(-\frac{8}{3}\right)$$

$$=-\frac{4}{3}$$

b는 $-\frac{3}{5}$보다 $-\frac{1}{5}$만큼 작은 수

$$\rightarrow b=\left(-\frac{3}{5}\right)-\left(-\frac{1}{5}\right)$$

$$=\left(-\frac{3}{5}\right)+\left(+\frac{1}{5}\right)$$

$$=-\frac{2}{5}$$

$$\rightarrow a\div b=\left(-\frac{4}{3}\right)\div\left(-\frac{2}{5}\right)$$

$$=\left(-\frac{\overset{2}{4}}{3}\right)\times\left(-\frac{5}{\underset{1}{2}}\right)$$

$$=+\frac{10}{3}$$

답 $+\frac{10}{3}$

23 어떤 수를 $-\dfrac{5}{7}$ 로 나누어야 할 것을 잘못하여
곱했더니 $-\dfrac{25}{98}$ 가 되었습니다.

(?) 바르게 계산한 식
잘못 계산한 식

<잘못 계산한 식>

$$\boxed{?} \times \left(-\frac{5}{7}\right) = -\frac{25}{98}$$

$$\rightarrow \boxed{?} = \left(-\frac{25}{98}\right) \div \left(-\frac{5}{7}\right)$$

$$= \left(-\frac{\overset{5}{\cancel{25}}}{\underset{14}{\cancel{98}}}\right) \times \left(-\frac{\overset{1}{\cancel{7}}}{\cancel{5}}\right)$$

$$= +\frac{5}{14}$$

<바르게 계산한 식>

$$\left(+\frac{5}{14}\right) \div \left(-\frac{5}{7}\right) = \left(+\frac{\overset{1}{\cancel{5}}}{\underset{2}{\cancel{14}}}\right) \times \left(-\frac{\overset{1}{\cancel{7}}}{\cancel{5}}\right)$$

$$= -\frac{1}{2}$$

답 $-\dfrac{1}{2}$

---

24 $\underbrace{\dfrac{1}{5} - \dfrac{2}{5}}_{\overset{\|}{-\frac{1}{5}}} + \underbrace{\dfrac{3}{5} - \dfrac{4}{5}}_{\overset{\|}{-\frac{1}{5}}} + \underbrace{\dfrac{5}{5} - \dfrac{6}{5}}_{\overset{\|}{-\frac{1}{5}}} + \cdots + \underbrace{\dfrac{99}{5} - \dfrac{100}{5}}_{\overset{\|}{-\frac{1}{5}}}$

$\dfrac{1}{5}$ 부터 $\dfrac{100}{5}$ 까지의 수는 100개인데,

둘씩 짝 지어 계산했으므로,

$100 \div 2 = 50$ 이니까 $-\dfrac{1}{5}$ 이 50개가 됨

$$\rightarrow \left(-\frac{1}{\cancel{5}}\right) \times \overset{10}{\cancel{50}} = -10$$

답 -10

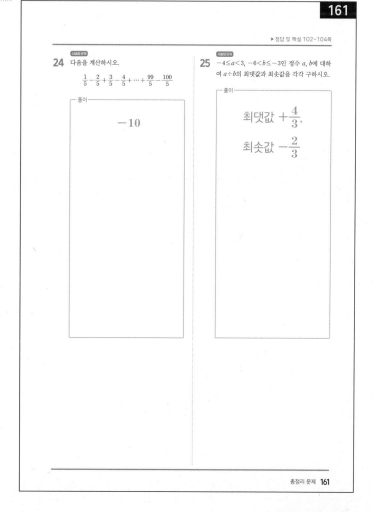

161

▶ 정답 및 해설 102~104쪽

24 (서술형 공통) 다음을 계산하시오.

$$\frac{1}{5} - \frac{2}{5} + \frac{3}{5} - \frac{4}{5} + \cdots + \frac{99}{5} - \frac{100}{5}$$

풀이

-10

25 (서술형 공통) $-4 \leq a < 3$, $-6 < b \leq -3$ 인 정수 a, b에 대하여 $a \div b$의 최댓값과 최솟값을 각각 구하시오.

풀이

최댓값 $+\dfrac{4}{3}$,

최솟값 $-\dfrac{2}{3}$

161쪽 풀이

25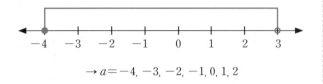

$-4 \leq a < 3$인 정수 a

$\to a = -4, -3, -2, -1, 0, 1, 2$

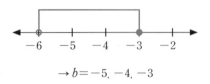

$-6 < b \leq -3$인 정수 b

$\to b = -5, -4, -3$

• $a \div b$의 최댓값은

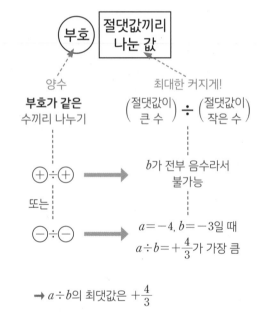

부호　절댓값끼리 나눈 값

양수　최대한 커지게!
부호가 같은 수끼리 나누기　$\left(\begin{array}{c}절댓값이 \\ 큰 수\end{array}\right) \div \left(\begin{array}{c}절댓값이 \\ 작은 수\end{array}\right)$

$\oplus \div \oplus$ ➜ b가 전부 음수라서 불가능

또는

$\ominus \div \ominus$ ➜ $a = -4, b = -3$일 때 $a \div b = +\dfrac{4}{3}$가 가장 큼

$\to a \div b$의 최댓값은 $+\dfrac{4}{3}$

• $a \div b$의 최솟값은

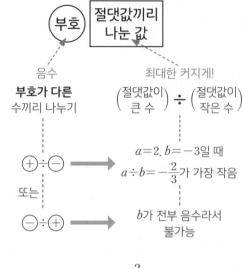

부호　절댓값끼리 나눈 값

음수　최대한 커지게!
부호가 다른 수끼리 나누기　$\left(\begin{array}{c}절댓값이 \\ 큰 수\end{array}\right) \div \left(\begin{array}{c}절댓값이 \\ 작은 수\end{array}\right)$

$\oplus \div \ominus$ ➜ $a = 2, b = -3$일 때 $a \div b = -\dfrac{2}{3}$가 가장 작음

또는

$\ominus \div \oplus$ ➜ b가 전부 음수라서 불가능

$\to a \div b$의 최솟값은 $-\dfrac{2}{3}$

📋 최댓값 $+\dfrac{4}{3}$,

최솟값 $-\dfrac{2}{3}$